KB230509

숲 해설 전문가 양성 · 훈련을 위한

숲 해설 투어
안내기획법

숲 해설 전문가 양성·훈련을 위한

숲 해설 투어
안내기획법

초판발행 2015년 12월 31일
초판 3쇄 2019년 1월 11일

엮은이 국립수목원
집필진 이주희 · 존 베버카 · 임연진
참여연구진 윤미정 · 전부기 · 이해주 · 김병국 · 김영경
펴낸이 채종준

펴낸곳 한국학술정보(주)
주소 경기도 파주시 회동길 230 (문발동)
전화 031 908 3181(대표)
팩스 031 908 3189
홈페이지 http://ebook.kstudy.com
E-mail 출판사업부 publish@kstudy.com
등록 제일산─115호(2000. 6. 19)

ISBN 978-89-268-7679-4 13480

이 책은 한국학술정보(주)와 저작자의 지적 재산으로서 무단 전재와 복제를 금합니다.
책에 대한 더 나은 생각, 끊임없는 고민, 독자를 생각하는 마음으로 보다 좋은 책을 만들어갑니다.

숲 해설 전문가 양성 · 훈련을 위한

숲 해설 투어
안내기획법

국립수목원 엮음
대표저자 이주희

이담
Books

2005년 「산림문화·휴양에 관한 법률」이 제정된 후, 숲 해설과 산림 교육 분야는 단 몇 년 만에 비약적인 발전을 이루었습니다. 이러한 발전은 숲 해설가 및 산림교육 프로그램을 운영하는 수많은 분들의 열정과 노력으로 쌓인 업적이라 할 수 있습니다. 그러나 제도와 법률이 발전하는 동안 야외에서 활동하는 숲 해설가와 실무자들은 운영 기법 등에 있어 그 열정만큼이나 갈증도 더해가고 있습니다.

이러한 시기에 국립수목원에서는 한국 휴양학 및 해설학에 큰 기여를 하신 대구대학교 이주희 교수와 미국의 해설 컨설팅 전문가인 존 베버카(John Veverka) 박사와의 학술교류를 통해 최신 양성·훈련 커리큘럼과 해설 기법을 한국 실정에 맞게 적용하여 고도화된 숲 해설 및 산림교육 양성·훈련 기반을 구축하였다는 것은 대단히 고무적인 일이 아닐 수 없습니다.

이번에 발간되는 『숲 해설 투어 안내기획법』은 그동안 사례와 경험적 이론을 따르던 것에서 벗어나 그 개념과 학술적 이론을 철저히 학습하고, 나아가 숲 해설가들이 역할과 비전을 세울 수 있다는 차원에서 새로운 숲 해설가 양성과 기존 숲 해설가 훈련은 물론 산림교육 발전에 큰 도움을 줄 수 있을 것으로 기대됩니다.

끝으로 발간에 수고해주신 전시교육과 수목원교육센터 직원들에게 감사드리며, 대구대학교 이주희 교수와 미국 John Veverka & Associates의 대표이신 존 베버카 님께 감사의 마음을 전합니다.

2015년 12월

국립수목원장 이유미

머리말

숲, 자연공원, 수목원, 박물관, 역사 유적지 등 관련 관광 명소를 다니는 방문자의 '방문 이유'는 지난 몇 년 동안 크게 달라지고 있다. 이러한 변화는 방문자의 요구, 흥미 및 '경험'을 충족시키기 위하여 해설을 기획, 개발하는 과정에서 발생하는 고민거리의 범주를 더욱 확장시키고 해결해야 할 난제를 증가시키고 있다. 특히 '경험'이란 단어는 해설 프로그램·서비스 계획, 또는 숲·역사적 장소의 해설 계획, 또는 자연공원이나 지역 해설 계획에서 핵심적 요소이다. 즉, 방문자는 단순한 생태적 정보전달이나 환경보호를 위한 일시적인 이벤트를 기대하는 것이 아닌 보다 창의적이고 현장 참여중심이며 교육적 효과를 가지는 지각의 높은 단계로 이행되는 흥미로운 '경험'을 요구하는 것이다. 따라서 '해설'은 이러한 방문자의 욕구를 충족하는 방향으로 실행될 필요성이 증대되고 있다.

그간의 해설은 '이것이 방문자가 원하거나 필요로 하는 것인가?'를 고려하기보다 해설자원이 어떤 것인지 어디에 있는지를 알려주기 위해 더 많은 노력을 했다. 실제 다수의 해설 계획은 해설 프로그램 참여자가 누구인지를 간과하기 일쑤였다. 참여자들을 이해한다는 것은 일방적 시각에서 쌍방적 소통으로 가는 첩경이며 해설의 출발점이라 할 수 있다. 해설가와 프로그램 참여자, 해설 대상 간 상호작용은 언어적 접점을 통한 참여자들의 연성적 훈습을 수반하여야 하는데 해설가의 참여자에 대한 이해 정도가 높을수록 참여자들이 자원의 의미와 그들의 지적, 감성적 연결고리를 구축하는 데에 보다 적극적인 도움을 줄 수 있기 때문이다. 이러한 해설 참여 패턴의 변화는 향후 더욱 심화될 것으로 예측되며 이에 따른 보다 정교한 대안적 해설 안내 지침서의 개발이 절실하다.

본서는 앞서 발간한 『숲 해설 전문가 양성·훈련을 위한 숲 해설 기초』의 제4장 해설가 동반 해설(인적 해설)에서 특정 대상 참여자를 위한 숲 해설 투어 안내기획법을 담고 있다. 해설 프로그램을 계획함에 있어서 참여자의 특성, 관심, 기대와 같은 다양한 정보는 그들의 다양한 기대와 흥미를 만족시키는 데 매우 중요하다. 해당 자원에 대한 정보와 참여자에 대한 정보와 그들의 방문동기에 대한 정보는 그들이 관심 있는 자원의 의미와 관련성을 연결할 수 있는 해설 기회를 제공하기 위해 매우 유용하다. 이러한 정보를 바탕으로 해설 대상 자원에 대한 성공적인 참여자의 경험이 가능할 것이다.

정형화된 해설 투어 안내기획을 위해서 본서는 해설에서 전달하고자 하는 주제 개발과 해설 목표를 설정하는 것, 그리고 참여자의 지적, 감성적 연계를 위한 커뮤니케이션 역량강화를 위해서 해설 기법을 어떻게 적용할 것인가에 대한 내용들을 사례와 실습을 통해 제시하고자 한다. 해설가가 프로그램 참여자와 해당 자원과의 의미 있는 연결을 위해 정형화된 프로그램 개발함에 있어서 프로그램의 목적과 기법의 강점과 단점에 대한 판단에 기초하여 해설 투어를 기획함에 있어서 필요로 하는 지침과 적용을 통해 효과적으로 소통하기 위해 다음과 같이 구성하고 있다: 제1장과 2장은 해설의 이해와 관련 모델에 대하여 설명하였다. 제3장은 해설 주제의 개발과 목표에 대해 간략하게 다루고, 제4장에시는 해실 프로그램을 현장에서 적용함에 있어서의 참여자의 언어를 어떻게 이해하고 접점을 찾을 것인가에 대하여 다루고 있다. 제5장에서는 해설자원의 유형과 무형의 요소를 연결하여 활용하는 방법과 사례들을 제시하고 있다. 제6장에서는 해설의 기본원칙들을 프로그램에 담아내는 것을 실습하도록 하였으며, 제7장에서는 앞에서의 내용을 바탕으로 해설 투어 프로그램을 계획함에 있어서 전체 과정에 대한 워크시트를 실습과 함께 다루어보고자 한다. 제8장에서는 해설 투어 프로그램 계획서의 틀을 제시하고 몇 개 사례에 적용하였으며, 역사유산관광 해설 투어 계획의 해외사례를 기술하였다. 제9장에서는 해설 투어 프로그램을 향상시키기 위한 관찰 평가서에 대한 작성 예시와 마지막으로 제10장에서는 해설 투어의 평가와 코칭에 대한 내용과 구체적인 지침에 대하여 기술하였고, 해설 투어 시 접하게 되는 해설 표지판에 대한 현황과 개선방안에 대하여 다루었다. '생각해보기'는 본문 내용과 관련된 사례 또는 더 학습해야 할 내용을 제시하고 있으며, 해설과 관련된 추천 자료를 '더 읽어보기' 코너를 통해 열거하고 있고 있다.

숲 해설 계획의 목적은 숲과 관련된 자연에 대한 호기심을 촉발할 수 있는 기회를 구현하는 것이라는 걸 우리가 종종 잊고 있다고 생각한다. 그리고 성공적 구현이란 해설 프로그램에서의 이야기와 주제에 관해 '방문자가 그것을 이해했는가?'와 프로그램에서 이루고자 하는 목표를 달성하는 것이다. 해설 프로그램 참여자의 현장 경험이 우리가 그들에게 바라는 해설적 경험으로부터의 얻기를 원하는 결과를 얻었는가에 초점을 맞추어 프로그램을 개발하고 진행해야 할 것이다. 그러한 과정은 해설이라는 고유한 영역에 대한 인식의 확장에도 복무(服務)하는 일일 것이다.

대표저자 이주희

목
차

제1장

해설의 이해

/1/ 해설이란 무엇인가?

많은 사람들이 해설이란 단어를 한 번쯤은 들어보았을 것이다. 하지만 이 단어는 사람들의 배경, 교육, 또는 해설가로서의 경험에 따라 다른 의미가 있을 것이다. **20세기에 회자된 해설의 정의 가운데 Interpretation Canada의 해설 개념은 1976년부터 캐나다 내에서 통용되고 있으며 최고의 것으로 일컬어진다.** 이후 30년 동안 수많은 다른 조직·기구들과 해설 관련학과 교재들이 이를 자주 인용하였다.

"해설이란 특정 사물, 유물, 경관, 장소 등을 대상으로, 우리의 문화와 자연유산이 갖는 의미와 관련성을 표출하여, 방문자에게 직접 전달할 수 있도록 고안한 의사전달과정이다."

- 캐나다 해설(Interpretation Canada)

"해설은 단순히 사실적 정보를 주고받는 것이라기보다는 실제의 목적물을 보여주며, 직접 경험을 통하거나 또는 적절한 매체를 통하여 현상에 내재된 의미와 관련성을 나타내 보이려고 하는 교육적 활동이다."

- 프리먼 틸든(1957)

"해설은 환경이 지니고 있는 아름다움과 복잡성, 다양성, 그리고 상호관련성을 느끼는 민감함, 경이로움, 호기심 등을 해설 프로그램을 통하여 방문자로 하여금 느끼도록 도와주는 활동이며, 방문자가 처음으로 찾아간 환경에서도 편안한 마음을 느끼게 해주는 동시에 방문객의 환경에 대한 인식을 넓혀주는 활동이다."

- 해롤드 월린(1965)

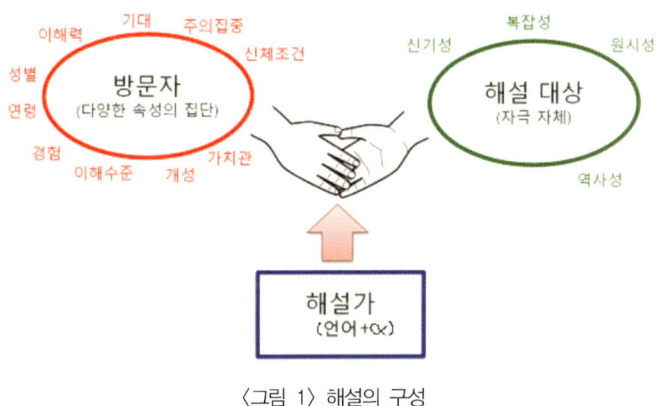

〈그림 1〉 해설의 구성

"해설은 미션을 기반으로 한 방문객의 관심과 해설자원의 의미를 감정적 또는 교육적으로 연결시켜주는 커뮤니케이션 과정이다."

- 미국해설협회(National Association for Interpretation)

"해설은 미션을 기반으로 하여 방문자가 새로운 의미를 발견할 수 있도록 자극을 주고, 해설 대상물, 장소, 콘셉트 등과 연결하는 것을 목적으로 하는 커뮤니케이션 과정이다."

- 샘 햄(2013)

앞서 제시한 해설의 정의들을 요약하면 다음과 같다.

"해설이란 방문자에 대한 교육적 활동이고, 환경에 대한 인식을 넓혀주는 활동이며, 환경을 이용하는 사람들에게 새로운 이해와 통찰력, 열의, 흥미를 불러일으키는 활동이며, 환경보전에 대한 필요성을 일깨워주는 기술이다."

해설을 통한 의사전달은 정보전달만을 목적으로 하지 않는다. 구체적으로 전문가를 위한 전문 언어로부터 방문자를 위한 일상 언어로 바꾸어 전달하는 의사전달과정이다.

해설을 통한 의사전달의 기본전략 및 기술과 원리를 어떻게 수립해야 할 것인가?
해설을 통한 의사전달과정, 즉 해설 기술과 해설적 접근은 어느 날 자연스럽게 형성되는 것은 아니라 다음과 같은 많은 다른 분야의 의사전달 원리들이 유용하고 적절하게 혼합된 것이다.

* 저널리즘 / 마케팅 / 심리학
* 비정규/성인교육이론 및 체험학습이론
* 경영관리와 재무
* 레크리에이션 및 관광 기획/서비스 계획
* 미디어 기획/디자인 계획 및 계약

실제로 우리는 해설 기술과 원리를 잡지나 텔레비전을 통해 매일 마주하고 있다.

/2/ 해설의 역사

　근대적인 해설의 범주에서 최초로 '해설'이라는 말을 사용한 사람은 뮤어(John Muir)로 1871년 요세미티 계곡과 시에라네바다 부근에서 생활하면서 다음과 같이 자연에 대한 사랑을 표현하는 데서 비롯되었다. 뮤어가 사용한 '해설'이라는 말은 나중에 미국 국립공원청에서 공식으로 채택하면서 처음으로 해설이라는 말을 사용한 것으로 인정하게 된다.

　'자연 안내인(Nature Guide)'의 개척자로는 밀스(Enos Mills, 1870~1922)가 일반적으로 인정된다. 밀스는 1888년 로키산맥에서 개인적인 상업을 목적으로 여관을 설립하여 로키산맥을 찾아오는 사람들을 상대로 산맥의 대자연속으로 안내를 시작하게 되었다. 밀스는 "해설은 정보의 제공이라기보다 영감을 불러일으키는 일"임을 강조하고 숲속에서 단체를 안내하는 기술에 관해서도 뛰어난 통찰력을 보였다.

　또한 미국에서는 1916년에 국립공원청을 설치하면서 방문자와 자연을 동시에 보호하고 관리하기 위해 해설 프로그램을 정식적으로 공원 관리업무의 하나로 도입하였다. 1920년에는 요세미티(Yosemite) 국립공원에서 하이킹과 자연 관련 영화상영 등 무료 자연안내 해설 프로그램 서비스를 시작했고, 옐로우스톤(Yellowstone) 국립공원에서는 자연 안내인의 안내로 현장 탐방과 주제별 강연 등 미국 국립공원에서 가장 먼저 체계적인 자연해설 프로그램들을 방문자들에게 제공하기 시작하였다. 호라스 엘브라이트 옐로우스톤 국립공원 소장은 밀톤 스키너를 공원 자연해설가직에 임명하여 해설 프로그램의 책임을 맡기게 된다. 스키너는 미국 국립공원 역사에서 공원 자연해설가로 공식적으로 임명된 최초의 해설가이다. 초창기에는 국립공원 내의 자연생태계 현상을 주 대상으로 하여 해설이 이루어졌으나, 1930년대 이후에는 해설의 주제가 역사·문화, 자연생태계에 관한 것으로 변화되었으며, 최근에는 지구환경문제가 주요 주제로 다루어지는 추세이다.

1957년, 틸든(Freeman Tilden, 1883~1980)이 오늘날까지 세계의 모든 해설가들에게 가장 널리 읽히고 있으며 해설 이론의 중요한 길잡이가 되고 있어 해설학에서 바이블이라 일컫는 『우리 유산의 해설(Interpreting Our Heritage)』을 펴내어 해설의 원리와 규범이 되는 표준을 상세히 설명하면서부터 해설의 체계가 잡혔다. 신문기자이자 동시에 극작가, 논픽션 작가로 유명한 틸든은 미국 국립공원청의 초청여행에 참가한 후, 스스로 많은 국립공원들을 답사하면서 국립공원에 대한 글을 쓰기 시작하였다. 그는 해설에 대한 관심을 가지고 몸소 공원을 답사하면서 체험한 내용들을 체계적으로 분석 정리하여 『우리 유산의 해설(Interpreting Our Heritage)』을 출간하게 되었다. 틸든은 효과적인 해설은 그가 제시한 해설의 6가지 기본원리에 바탕을 두어야 한다고 설명하고 있다. 이 기본원리는 해설 프로그램을 개발하고 평가하는 데 쓰이는 기준으로 간주되고 있다.

* 틸든(Tilden)의 해설 6원칙을 간략히 정리하면 다음과 같다.
- 방문객의 개성 또는 경험과의 관련성을 찾아야 한다. (연관시켜라.)
- 정보만 단순히 제공하는 것을 뛰어넘어야 한다. (정보 그 이상이어야 한다.)
- 자연, 인문, 과학, 역사, 건축 등 다양한 분야를 소재로 한 종합예술이다.
- 가르치는 것이 아닌 자극을 주어 스스로 깨닫게 하는 것이다.
- 단순한 부분보다는 전체에서의 위상과 가치를 전달할 수 있어야 한다.
- 방문객 속성 특히 연령에 따른 별도의 프로그램을 준비해야 한다.

1950년대 후반 이후에 '자연안내'라는 이름은 '자연해설'로 바뀌었고, 자연해설가들은 야외교육자, 역사해설가, 문화해설가, 박물관 큐레이터, 그리고 최근의 숲 해설가, 자연해설가, 혹은 자연환경해설가로 세분화되었지만 전 세계적으로 이러한 사람들을 일반적으로 '해설가'라고 통칭하여 부른다. "자연안내자는 지질학, 식물학, 동물학 그리고 자연사의 해설가이다"라고 밀(Mill)은 말하고 있다.

국내에서는 유럽이나 미주에 비해 다소 늦은 1979년, 궁 안내해설로 시작한 문화해설가가 공식적인 해설의 출발이며, 1999년부터는 국립수목원, 자연휴양림 등에서 숲 해설가 제도를 운영해오고 있다. 2009년에는 전국적으로 국립자연휴양림과 공·사립자연휴양림, 국공립수목원, 국민의 숲 등에 330명의 숲 해설가를 선발하여 숲을 찾는 국민들을 숲으로 안내하고 숲을 좀 더 폭넓게 이해하도록 서비스를 제공하고 있다. 이외에도 전국 150여 개 환경교육관련 시민단체 주도로 배출한 약 6,000여 명의 숲 해설가가 국립공원을 비롯한 전국의 숲과 자연생태공원 등에서 활발히 활동하고 있다.

숲 해설가가 되기 위해서는 2012년 제정된 「산림교육의 활성화에 관한 법률」에 따라 산림청장이 인증한 숲 해설가 교육과정 운영기관과 기타 환경교육 관련 민간단체, 공공기관, 대학 등에서 운영하는 숲 해설가 교육과정을 이수하면 숲 해설가로서 활동할 수 있다.

미국, 일본, 스위스 및 독일 등의 국가에서 숲 해설가 제도 또는 이와 유사한 제도를 운영하고 있다. 미국은 국가해설가협회(NAI: National Association for Interpretation) 주관으로 자격제도를 운영하고 있으며, 환경청에서는 숲 해설을 포함한 환경교육 프로그램을 개발하고 있다. 일본은 그린 세이버(Green Saver), 산림인스트럭터라는 민간 자격증 제도를 운영 중이고, 숲 해설을 위한 수준별 지도자를 양성하기 위한 자연체험활동추진협의회(CONE)가 있다. 그 외에 스위스, 독일의 경우 숲 체험교육을 활성화하고, 산림공무원, 교사, 전문가들이 참여하는 산림학교를 운영하고 있다.

/3/ 해설의 기본원칙

(1) 해설의 목적

해설의 목적은 방문객, 자원관리, 이미지 개선 측면 등에서 살펴볼 수 있으며 이를 참고하여 해설이 필요한 상황에 맞게 유연하게 적용, 설정할 수 있다.

방문객 측면에서 보면,
* 안정감과 영감을 주고 심리적 여유와 풍요로움, 즐거운 경험을 제공한다.
* 자원에 대한 보다 높은 지각을 한다.
* 원하는 방문지역의 이용도를 높일 수 있도록 한다.

자원 관리 측면에서 보면,
* 자원과 시설에 대한 사려 깊은 이용을 유도한다.

* 반달리즘에 대한 인식 증대로 피해를 감소한다.

이미지 개선 측면에서 보면,
* 대중과의 긍정적인 관계를 창출한다.
* 관리자의 관리 노력에 대한 이해를 증대한다.

(2) 해설의 기본원칙

해설가들이 해설 프로그램을 계획할 때, 미디어와 서비스에 관한 다음 두 가지 질문을 반드시 염두에 두어야 한다.

1) 방문객들은 왜 이 정보를 알고 싶어 하는가?

방문객이 이 질문에 대한 답을 할 수 없다면 해설의 주체는 프로그램이나 서비스를 '홍보'함에 있어 난관을 겪을 것이다. 아무도 궁금해하지 않는 점에 대해 해설한다는 것은 의미가 없기 때문이다. '누가', '무엇'에 대해 지적인 호기심을 지니는가는 해설의 설계에서 가장 중요한 부분이다.

2) 방문자들이 학습한 정보를 어떻게 사용하기를 바라는가?

만약 방문자들이 학습한 정보를 사용하는 것을 바라지 않는다면, 해설가들은 왜 그들에게 정보를 제공하는가? 이 질문들에 대한 답은 '옳다 또는 그르다'가 될 수 없다. 이는 다만 해설가가 방문객들의 인구학적 혹은 사회경제적 배경 등과 연관 있는 무언가에 초점을 맞춘 해설을 계획할 수 있도록 도와줄 뿐이다.

위의 두 질문에 대한 답은 해설의 기본원칙과 밀접하게 관련되어 있다.

틸든은 해설가가 자원을 해석함에 있어서 지켜야 할 원칙에 대해 6가지 요소로 요약하여 두 가지 질문의 답을 제시하고 있다.

- 첫째, 의사전달은 반드시 호기심, 참여, 흥미를 유발해야 한다. 해설가가 참여자들의 주의를 사로잡지 못한다면, 그들은 해설 투어가 진행되는 장소에 접근하지 않을 것이고, 프로그램엔 참여하지 않을 것이며, 설사 참여하더라도 집중하지 않을 것이다. 해설가는 참여유발을 위한 전략구상에 다음과 같은 질문에 대한 답을 반드시 고려해야 한다. 참여자는 왜 이 정보를 알고 싶어 하는가? 이 질문에 대한 답은 참여자의 시선을 사로잡을 만한 그래픽, 사진, 해설문 등의 결과로 나타나야 한다.

- 둘째, 참여자는 왜 이 정보를 알고 싶어 하는가 질문을 이어가 보자. 해설을 통한 의사전달은 반드시 참여자의 일상생활과 연관 있는 메시지를 담고 있어야 한다. 이는 광고시장에서 물어보는 "당신은 왜 이 상품 또는 서비스가 있어야 한다고 생각하는가?" 하는 질문에 대한 답이다. 의사전달과정의 이런 부분들은 사람들을 계속해서 해설과 프로그램으로 이끌고, 미디어는 사람들의 이목을 집중시키고 더 알아보고 싶은 이유를 제공한다.

- 이 과정의 마지막 관문은 결론의 표출이다. 틸든은 의사전달의 결론이나 응답은 독특한 또는 특유의 관점을 통해 드러내야(나타내어야) 한다고 말했다. 마지막까지 결론을 아껴두는 것이다. 결론은 참여자에게 해설에서 취득한 정보가 왜 중요한지를 알려주고, 이 정보로부터 취할 수 있는 혜택에 대해서도 깨닫게 한다.

- 해설에서 중요한 다른 원칙 중의 하나는 메시지의 통일성과 일관성을 위한 노력이다. 프로그램을 계획할 때 적절한 색상, 복장, 음악,

디자인 등을 사용하여 올바른 메시지를 전달을 위한 지원을 해야 한다. 연극 공연을 위한 무대연출과 준비를 떠올리면 이해하기 쉬울 것이다. 아울러 해당 자원을 해설하기 위한 모든 소재 가운데서 핵심 소재를 선별하는 것이 요구된다. 이는 소재 하나하나가 전하고자 하는 전체 메시지를 나타내는 요소가 되어야 한다는 것을 의미한다.

 - 핵심 주제를 다루어라. 이 마지막 원칙이 의미하는 바는 모든 해설은 핵심 주제 또는 테마를 다루어야 한다. 즉, 방문하는 공원, 유적지, 여행지 등에서 중요한 '큰 그림'을 다루어야 한다. 핵심 주제란 다음 질문에 대한 답으로 설명할 수 있나. "어떤 방문자가 해설 프로그램에 참여하고 전시관 등을 방문했습니다. 귀가할 때쯤 탐방지에 대한 유일한 기억 또는 참여자가 학습한 특별한 한 가지가 있다면, 그것은 _____이어야만 합니다." 이 질문에 대한 답이 바로 '핵심 주제'이다. 핵심 주제로는 "우리는 이곳의 주민과 야생동물을 위한 야생동물 서식지 복원기술을 사용하고 있습니다"를 한 예로 들 수 있다.

구체적인 틸든의 해설 기본 6원칙은 다음과 같다.
① 참여자의 개성이나 경험을 고려하지 않은 해설, 전시를 지양하고 참여자가 가장 관심을 가지는 것을 반영하여 나타냄
② 해설은 정보의 전달이 아니라 정보에 근거를 둔 경험적 사실에 기초함
③ 해설은 과학, 역사나 건축 등의 예술을 접목시킨 종합예술이며, 교육적 요소를 포함하고 있음
④ 해설의 목표는 가르치는 것이 아니라 자극을 주어 스스로 깨닫게 하는 것이므로 자연해설을 통해 자연을 이해하고, 이해를 통해 자연의 가치를 평가하고, 평가를 통해 자연을 보호해야 함
⑤ 해설은 부분이 아닌 전체를 전달하도록 해야 하며, 특정인이 아

닌 모든 사람들을 대상으로 정보를 전달해야 함

⑥ 어린이를 위한 해설은 성인을 위한 해설을 쉽게 표현하는 것이 아니라, 근본적으로 다른 접근을 해야 함. 즉, 각 참여자의 연령적 속성에 따른 별도의 프로그램 준비가 바람직함

이를 Dr. Gabe Cherem의 의사전달과정에서 찾아 적용하면 자극 주기, 관련짓기, 나타내기, 전체를 보여주기, 메시지의 일관성 유지하기 등과 접목하여 실제 해설 현장에서 적용 가능할 것이다. 이를 종합해 보면 해설의 원칙은 방문객의 속성을 관찰하여 자극하고, 관련지어 적극 관여시키고, 소재를 결합하고 일관성을 유지하여 단면이 아닌 전체를 인식시키는 방향으로 이루어져야 하는 것이라 볼 수 있다.

주로 제시되는 해설의 원칙을 그림으로 나타내면 <그림 2>와 같다.

해설의 주제

〈그림 2〉 해설의 기본원칙

<학습 예제>

1. 자극 주기

해설가의 의상 재연은 어린이 참여자에게 효과적으로 적용 가능하다.

대상의 속성을 감안하고, 주제와 목표에 적합한 의상은 해설의 전달력을 높일 수 있다.

〈그림 3〉 해설가의 복장을 통해 자극 주기

〈그림 4〉 인간의 정서를 표현하는 해설
대상을 통해 자극 주기

〈그림 5〉 경관을 통해 자극 주기

  참여자의 속성을 참고하여 특정 상황에서의 정서를 나타내는 해설에 적용할 수 있다.

  농업활동과 같은 특정 활동과 관련 있는 연령대의 참여자 혹은 농촌 경관에 대한 특별한 향수를 지닌 모든 참여자를 자극할 수 있다.

〈그림 6〉 체험 활동을 통하여 자극 주기

음식과 연관된 체험은 많은 참여자들이 공통으로 즐기는 활동이므로 다양한 참여자들을 대상으로 실행할 수 있다. 긴 겨울 채소의 저장이 어려웠던 당시 식문화에서 채소의 건조가 어떤 의미를 가지는지 해설가의 경험으로 표현할 수 있으며 이러한 표현은 우리 농촌의 음식문화의 특징을 기억하는 참여자에게는 매우 흥미롭게 참여할 수 있는 해설 기법이다.

2. 관련짓기

방문자들의 경험, 관심, 이력 등과 관련 있는 내용을 일관성 있게 구성하여 관련짓는다.

〈그림 7〉 느림의 긍정적인 측면과 옛 생활방식의 특징을 관련지어 나타냄

농촌 출신 중년층이거나 노인층 참여자는 그들의 과거 삶과 경관을 관련짓는 이러한 상황 해설을 잘 이해하고 수용할 수 있다.

3. 일관성 유지하기

해설의 목표와 주제를 벗어나지 않도록 일관성을 유지하여야 한다. 예를 들면 '자연은 서두르지 않는다'라는 주제로 해설을 한다면 해당 장소에서 느리게 발생하고 유지되는 자연적 상황에 초점을 맞추어 각 소재를 구성하고 그들이 서로 어떻게 관련 맺으며 어떤 경관을 만들어 내는가를 해설해야 한다.

4. 전체 보여주기

해설은 조각을 잘 조합하여 전체를 확인시키는 작업이다. 예를 들면 해설 장소의 깃대종 한 종의 감소가 전체에 어떤 영향을 미치고 그 영향으로 경관의 변화가 어떻게 이루어지고 있는지를 설명하여야 한다.

또한 과수 혹은 열매에 대한 해설이 있을 때 반드시 '수정'과 관련

〈그림 8〉 조각에서 전체 보여주기

된 내용이 첨부되고 거기에는 자연의 순환에 절대적인 영향을 미치는 벌과 나비의 이야기가 수반되어야 한다. 벌과 나비들이 없으면 꽃가루받이를 놓치게 되고 그렇게 되면 자연히 수확량이 줄어든다는 이야기와 함께 그들의 서식처의 변화가 곧 인간의 생태에도 영향을 미친다는 사실로 귀결될 것이다. 즉, 이는 곤충이나 동물의 멸종은 생태계의 이변이 되고, 이는 인간의 불행을 잉태하게 된다는 생태계 상호의존성, 다양성 등의 일관성 있는 논지를 바탕으로 하며 이러한 내용은 전 지구적 기후 상황과도 연계될 수 있다.

도토리와 생태계와의 관련성을 통해 숲 전체의 생태적 연결고리를 찾아보는 것은 전체성을 도출하는 하나의 예이다.

5. 소통하여 나타내기(의미의 표출)

〈그림 9〉 소통을 통해 의미 나타내기

단순한 정보전달이 아니라 그 이상의 무언가를 인식하도록 하기 위해 해설가와 자원, 자원과 참여자, 해설가와 참여자 간 서로 특유한 관점으로 소통하면서 지각 수준을 극대화하도록 하여야 한다.

오락적 요소를 공유하면서 그 의미를 독특하게 나타낸다면 매우 흥미롭게 참여할 수 있다.

요약

이번 장은 해설이란 무엇인가에 대해 초점을 두었다. 해설을 통한 의사전달 원리는 다양한 커뮤니케이션 분야에서 시작하여 진화했다. 어떤 해설이 해설적이냐 정보적이냐를 나누는 기준은 해설가가 무엇을 말하느냐보다는 어떻게 말하느냐에 달려 있다. 단순한 정보전달만이 아닌 진정한 의사전달력을 가지는 해설이 되기 위해서는 자극 주기, 관련짓기, 핵심 주제와 관련지어 메시지의 일관성 유지하기, 전체 보여주기, 소통하여 나타내기 등의 기본원칙에 초점을 맞추어 훈련과 노력을 하여야 한다.

제2장

해설의 구성 및 관련 모델

/1/ 해설의 구성

해설은 해설 참가자들이 해설 대상에 대한 의미와 중요성을 깨달을 수 있도록 도움을 제공함으로써 해설 대상(자원)의 가치를 창출한다. 이러한 해설이 성립되기 위해서는 해설을 기획하고 전달하는 해설가(매체), 해설이 가지는 목표로 변화하기를 원하는 커뮤니케이션의 대상(방문자 혹은 참여자), 해설 대상, 해설의 내용, 체험거리 등으로 묘사되는 해설할 거리가 필요하며 이를 해설의 3대 주요 구성요소라 한다(<그림 1> 참고). 이 3대 요소는 해설에서 빠져서는 안 되는 요소로서 상호 존재를 확인하고 이해하는 시간과 상황을 가짐으로써 완성도가 높은 해설 프로그램을 만들 수 있다. 즉, 해설은 이들 각 요소의 특성에 따라 그 전달의 방식과 내용 구성이 달라진다.

(1) 해설가

해설가는 방문자의 지각 수준을 향상시키기 위하여 적절하게 방향

을 설정하여 내용을 전달하는 사람이나 매체(도구)를 말한다. 해설가
는 스스로도 하나의 해설 매체이며 동시에 기타 매체를 사용하여 해설
프로그램의 질을 향상시키는 것이 가능하다. 보다 생동감 있는 해설을
위하여 해설가는 해설 대상(자원)과 참여자에 대한 열정은 물론 개인
적 견해를 객관화하여 해설 대상에 대한 심층적인 지식과 정보 이상의
해설을 하여야 하며 또한 이야기를 잘 지어내는 능력, 질문 능력, 전체
를 보는 통찰력 등을 갖추어야 한다.

해설가의 가장 기본적인 역할은 해설의 목표 달성에 기여하는 것이
다. 그 가운데 주된 것을 살펴보면 다음과 같다.

첫째, 해설가는 방문자의 방문 목적에 대해 예리하게 지각하여 그
　　　방문의 목적을 달성하도록 도와야 한다.

둘째, 사려 깊은 자원이용과 합리적인 행동을 고무시켜 해설 대상에
　　　대한 연성적 관찰자 혹은 경험자로 거듭나도록 함으로써 자원
　　　에 대한 영향을 최소화하여 관리 목표를 달성하는 데에 기여
　　　하여야 한다.

셋째, 관리 당국의 목적과 목표에 대한 방문자의 이해를 이끌어낸다.

이처럼 방문자의 지각 수준을 일정한 수준으로 향상하여 교육적 목
표를 달성하는 활동으로 보아 해설가는 일종의 교육활동가이지만 학
교 교사와 다른 점이 있다면 아래와 같다.

첫째, 교사는 사회가 추구하는 가치 혹은 기술을 전달하면서 책임을
　　　가지며 특정한 교과과정을 근거하여 가르치지만 해설가는 책
　　　임이나 특정 교과과정의 운영에서 자유롭다.

둘째, 교사는 동질적인 집단을 대상으로 하지만 해설가는 이질적인
　　　집단을 대상으로 한다.

셋째, 교사는 한 학기, 한 학년 등 일정한 기간 동안 관찰과 시험 등

을 통해 지식과 기술의 향상을 꾀하지만 해설가는 매우 짧은 시간 동안 신속한 학습을 통해 소기의 목표를 달성한다.

넷째, 교사는 참여를 강요할 수 있으나 해설가는 듣지 않을 권리도 인정해야 한다.

다섯째, 교사는 해당 기관이 평가하나 해설가는 방문자들이 평가한다.

개인의 역량과 수준에 관계없이 모든 해설가는 해설의 핵심개념, 해설을 위한 전문가적 기준, 해설의 궁극적인 목적, 해설 평가방법, 성공적인 해설방법 등을 이해하고 실행해야 한다. 해설을 시작하는 초보 해설가는 해설의 원칙과 좋은 해설사례 등을 참고하여 해설을 진행해야 하며, 전문적 해설가는 해설원칙, 좋은 해설사례 등의 참고와 더불어 해설 미디어, 해설 계획, 다양한 해설 활동 등을 활용하여 해설을 진행할 수 있다.

모든 해설가들은 다음과 같은 사항들을 준수해야 한다.

첫째, 해설 대상(자원)의 의미와 참여자의 관심을 연결시키기 위한 해설가의 역할을 이해한다.

둘째, 참여자가 자원의 의미를 지적 및 정서적으로 이해하고 자각할 수 있는 기회를 제공해야 한다.

셋째, 해설 활동을 수행함에 있어서 다양한 아이디어를 도출한다.

넷째, 자원과 참여자에 관한 역할과 관계를 파악해야 하며, 해설 활동을 수행하는 다양한 해설 기법에 대하여 이해해야 한다.

다섯째, 해설 활동을 수행함에 있어서 해설 철학을 통한 모범사례를 표출해야 한다.

(2) 해설 대상(자원)

해설은 해설 대상과 관련된 중요한 의미를 참여자에게 제공하는 다차원적 지식에 의존하고 있으며, 해설가들은 해설 대상(자원)과 관련된 다방면의 견해와 역사 및 현재의 상황에 대하여 파악해야 한다. 해설의 대상이 되는 자원은 방문의 주된 목적으로서 해설의 핵심 요소이므로 참여자가 자원과 충분히 교감하도록 도와주어야 한다. 따라서 해설가들은 스스로도 자신이 해설하는 자원의 관찰자가 되어야 하며 구체적으로 다음 사항을 늘 준수하여야 한다.

첫째, 해설가들은 해설 대상(자원)과 관련된 연구 및 지식파악이 중요한가에 관한 이유에 대하여 이해해야 한다.

둘째, 해설가들은 해설과 관련된 연구 활동이 참여자에게 더 나은 해설을 하기 위한 해설가의 능력을 지원해줄 수 있음을 파악해야 한다.

셋째, 해설관련 연구수행 및 자원평가를 위한 전문적 철학, 방법론, 원칙 등을 사용해야 한다.

(3) 방문자

해설 프로그램에 참여하는 사람들은 특별한 목적을 지닌 참여자일 수 있다. 이들은 개인이 될 수도 있고 또 집단일 수도 있다.

참여자의 특성을 파악하는 것은 해설의 기본원칙에서 나타나듯이 해설가들이 효과적인 교육을 수행하기 위해 지녀야 할 핵심기술 중 하나로서 이들 참여자들이 휴양적 교육환경에서 어떤 정보에 관심을 보이며 어떻게 정보를 학습하고 기억하는지를 통찰하는 것이다. 해설 프로그램에 참여하는 사람들은 비교적 자발적으로 학습과 발견의 과정에서 희열을 맛본다는 것을 전제로 하였을 때 그 자발성을 어떤 활동과 연계하여 재미를 배가시키느냐 하는 것은 해설과정에서 매우 중요한 일이다. 즉, 해설의 효과를 향상시키기 위해 중요하며 시장 세분화를 위해서도 선행되어야 할 과제이다.

최근 야외 휴양 개발에서도 자원 이용객 규모와 특성을 예측하고 고려하는 추세이므로 해설 대상의 욕구와 동기 및 만족도를 미리 예측하고 분석하는 것은 야외 휴양 계획의 큰 틀 안에서 수행되어야 하는 부분이다. 사실 오늘날 다양한 목적의 마케터들은 시장 세분화를 위해서 소비자의 기본적인 성향을 분석하여 적용하고 있다.

해설 참여자의 심리적 배경과 인구·사회학적 속성은 휴양 활동이나 행태에 영향을 미칠 뿐 아니라 해설을 통한 지각 수준과 경험의 질에서도 차이를 가져온다. 이와 같이 휴양 활동 전반에 영향을 미치고 만족도에 차이를 가져오는 참여자의 속성을 결정짓는 인자는 크게 두 가지로 분류된다. 그 하나는 방문객 개인의 인자이고 다른 하나는 외부적 인자이다. 내부 인자로는 참여자의 성, 연령 등의 인구학적 특성 및 사회·경제적 배경, 그리고 심리적 배경이며 외부 인자로는 대인적 범주, 사회적 범주 등으로 나타낼 수 있다.

해설가는 참여자의 내, 외부적 영향요인들로 인해 그들이 기대했던 이미지와 자극 후에 형성될 이미지 강도의 차이를 판단하고 예측할 수 있으며 이를 해설의 기획과 실행에서 적용할 수 있다.

참여자의 내부 인자인 보편적인 심리는 크게 탈일상성, 환대받고 싶은 욕구, 개방적인 성향, 익명성, 직접접촉, 호기심, 영역화하고자 하는 욕구, 기념하고 싶은 욕구 등으로 분류되어 해설에 대한 흥미나 욕구를 가늠하는 기초자료로 활용된다.

또 참여자 개성(성격)의 내향성, 외향성 측면에서도 살펴볼 수 있는데, 자신에 대한 몰입 정도, 관광환경에 대한 행동패턴과 이방인들과의 어울림, 이방인과의 만남에 대한 두려움 정도에서 차이를 가져오는 지표(指標)로 활용될 수 있다. 이러한 심리적 배경의 차이는 휴양 활동에 대한 선입관과 태도 차이로 이어지고 활동 대상 선정에서의 차이를 나타낸다는 연구가 있다.

외부 인자 중 대인적 범주는 주변 사람들의 영향력으로 가족, 친구, 동료, 공동체 구성원, 준거집단 등의 영향 인자로서 방문자가 속한 가정이나 학교, 근린, 지역사회, 문화권 내의 인구와 관련되어 있다. 외부 인자 중 사회적 인자는 사회가 지니는 정치, 경제, 문화(종교, 제도 등) 등의 환경을 일컫는다. 예를 들어 특정 종교의 영향력이 지배적인 지역 출신 방문자인 경우 그러한 종교 의례를 존중하는 방향으로 휴양 활동이 이루어지며 종교 외적인 사항에 비교적 배타적일 수도 있을 것이다.

참고로 연령에 따른 인지, 심리 및 체험 욕구 특성들을 살펴보면 다음과 같다.

1) 유아

4~7세 사이의 유아들은 긍정적이거나 부정적인 자아존중감이 나타나지만 판단의 정확성이 낮고 지극히 주관적이며, 객관적이기보다는 자신에 대한 기대가 크게 작용한다. 자신과 공간과의 관계를 자기중심적인 참조 혹은 준거에 의해 결정하는 단계로서 지각하는 주체가 이동하면 모든 공간적인 관계가 계속 변화된다. 이러한 점은 이동 해설 시 참고하여야 하는 특성이다.

2) 초등학생

자아존중감이 비교적 안정되게 긍정적 또는 부정적으로 표출되는 시기는 초등학교 2학년이 되는 약 8세 무렵이라고 제시하였는데, 이

시기에는 아동들의 개별적 능력과 적성을 파악하여 아동 자신이 스스로의 특성을 긍정적으로 평가할 수 있게 하는 것이 중요하다. 이 시기의 초등학생들은 인지적, 사회적 과제에서 자신과 다른 학생들을 비교할 수 있는 객관적인 관점이 발달되고, 자신에 대한 지도자나 친구들의 평가에 의미를 두어 자신을 평가할 수 있게 되어 유아들에 비해 상당히 낮은 자아존중감을 보이므로 해설가들은 긍정적 기대와 피드백을 이 시기의 참여자에게 제공하여 보다 긍정적인 자아존중감이 형성되도록 함으로써 아동들의 바람직한 성장, 발달을 도와주도록 하여야 한다. 또한 이 시기의 아동은 자신과 연결되는 고정된 지표물(landmark)을 중심으로 공간을 파악할 수 있어 지표물의 방향과 거리, 방위 등을 비교적 객관적으로 인지할 수 있다.

3) 청소년(초등학생 이상 사춘기 청소년)

사춘기인 12살을 넘어서는 자신의 능력에 대한 지각을 5개 영역으로 분화(학구적, 운동, 외모, 사회적 수용, 행동)시켜 나가고 이러한 영역에 대하여 지각된 능력은 자아존중감과 관련되는 중요한 판단근거가 된다. 또한 이시기에 발달된 자아존중감은 전 생애에 걸쳐서 유지된다. 이시기에는 객관적 공간인지의 틀인 좌표체계를 통해 공간상 모든 지표물의 위치를 파악함으로써 통합적으로 공간을 인식하며 크기, 비율, 거리를 정확하게 인지하고 종합적으로 공간 환경을 개념화하는 종합적 준거체계로 발전하므로 지도를 활용하여 대상을 탐색하여 평가하도록 하는 과제들을 수행할 수 있다.

청소년기는 사회적 요구와 생물학적 성숙이 최고조에 이르는 시기이며, 이에 따른 역동의 결과로 이 시기의 특수 발달적 특징이 나타난다. 생물학적으로 볼 때 청소년기는 신체적, 성적인 성숙이 급격하게 일어나는 시기이며, 이러한 급격한 성적 성숙은 자아가 위협을 감지하는 정신분석적 원인을 제공한다. 그렇지만 청소년기의 문제는 단지 생물학적 문제에서만 유발되지는 않는다. 사회와 문화에서 요구하는 가치에 대한 갈등 역시 청소년기 때 두드러진다. 현대 사회의 청소년은 아동도 아니고 성인도 아닌 중간 단계로 인식되고 있으며, 이에 따라 상충되고 모호한 요구가 증가하는 시기이다. 즉, 청소년들은 끊임없이 자신이 설정한 이상적 준거와 현실을 비교하게 되며 이러한 비교는 많은 청년들로 하여금 현실에 대해 실망과 비판을 야기하게 한다. 청소년기 형식적 조작사고에서 기인하는 또 하나의 발달적 특징은 자기중심성(egocentrism)이다. 많은 청년들은 항상 자신에게 관심과 주의를 기울이는 상상적 청중 속에 자신이 둘러싸여 있다고 믿거나, 자신은 어떤 면에서든 타인과 다르다고 믿으며 그러한 독특성을 상상 속에 포함시켜 개인적 우화(personal fable)를 만들기도 한다. 이러한 청년기 자기중심성은 독특한 청소년 문화에 심취하게 하며 무모하고 비현실적인 행동을 낳게 하는 원인이 될 수 있다.

4) 청장년층(만 20세를 전후해 시작되어 65세까지)

청소년기를 지난 성인 초기의 단계는 친밀감 대 고립감의 단계라 일컫는다. 청소년기의 단계는 기본적으로 자기 몰두에 해당된다. 반면 청소년기를 지나면서 이들은 자기뿐 아니라 타인에 대한 관심도 넓힐 필요가 있다. 즉, 성인 초기의 발달 과제는 타인과의 의미 있는 대인관계를 형성하여 친밀감(intimacy)을 넓히는 것이다.

성인 중기에 이르러 사람 간의 친밀감을 형성하게 되면 그 관계는 두 사람 이상의 관계에서 적용되기 시작한다. 즉, 다음 세대를 '생산'하고 가치를 전수하는 단계로 이행하게 된다. 이 시기의 생산성은 좁게 말해서 결혼을 하고 자녀를 낳고 기르는 것이지만 넓은 의미에서는 물건을 만든다든지, 지식을 전파하는 행위 등 다음 세대에게 자신의 능력이나 가치를 전수하는 모든 활동을 의미한다. 이때 다음 세대를 생산하고 양육, 지도하기 위해서는 자신의 욕구를 희생할 필요도 동시에 가진다.

5) 노년층(65세 이후)

쇠퇴기이고 정적인 시기라 여기지만 이 시기 역시 내적인 갈등이 존재하고 이를 해결해야 할 시기이다. 이 시기의 갈등은 자신의 생애를 돌이켜보며 그것이 과연 가치가 있는지 평가하면서 대두된다. 자신의 생애가 지닌 발자취를 수용하고, 한계를 인정하고, 그 안에서 의미를 찾을 때 자신이 이전 세대 및 자신의 과거로부터의 일관성을 가진 존재라는 점을 이해한다. 건강, 생활체험, 사회적 관계, 생활 역사와 관련 있는 실질적인 체험 등에 집중한다.

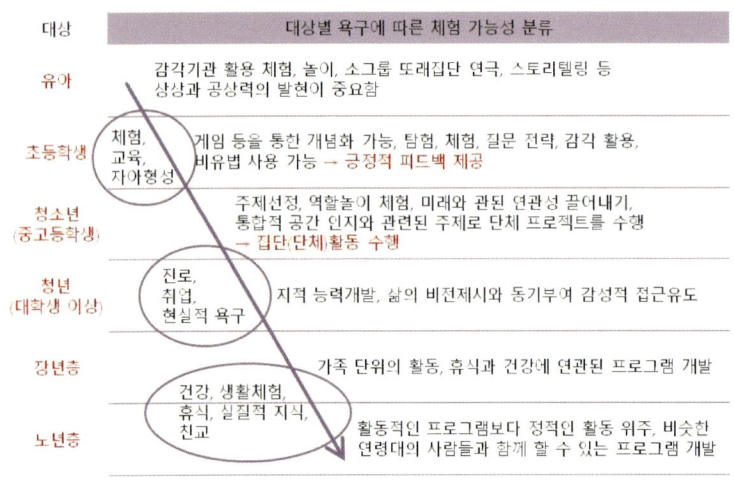

〈그림 10〉 대상별 욕구도에 따른 체험 가능성 분류

(4) 정보, 환경교육, 해설 -차이점은 무엇인가?

우리는 정보, 환경교육, 해설 이 세 가지의 차이점에 대한 질문을 종종 받는다. 정보란 방문객에게 수치와 날짜 같은 틀림없는 사실을 전달하는 것이다. 보통 휴대용 조류도감은 새의 종류와 특성에 관한 '정보'는 전달하지만, 참여자의 지각 수준을 고려하고 소통하기 위한 해설은 제공하지 않는다. 해설은 '정보'를 포괄하면서 방문객에게 단순히 언어적 정보를 전달만 하는 것이 아니라 '구술적인 전달방식'과 그 과정까지 포함한다.

환경교육(정규교육과정 혹은 해설이나 프로그램을 통한 교육)은 '정보전달'이나 '교육적 접근' 또는 '해설적 접근'으로 볼 수 있다. 해설이란 의사전달과정이란 것을 기억해보자. 그 과정이 환경에 대한 정보를 제시하고 대중에게 의미 있는 방식으로 표출된다면, 환경에 대한 '교육'이 생성된다. 일반적으로 다음과 같은 교류가 학습자와 이루어진다면 진정한 '교육'이 발생한다. 1) 메시지를 전달받고, 2) 그것을 이해하고, 3) 추후 실제로 메시지를 기억해서, 4) 받아들인 정보를 어떤 방식으로든 사용한다. 우리는 미숙한 '교육'이 이루어지는 것을 수많은 환경교육 프로그램을 통해 보아왔다. 참가자들은 정보를 전달받고, 일부를 기억하겠지만 아마도 교사들이 전달하고자 하는 진정한 의미를 이해하지 못하는 경우이다. 하지만 이와 달리 정규교육과정에서 '해설적' 접근을 통해 학생들에게 영감을 주고, 동기를 유발시키며, 더 배우고자 하는 흥미를 불어넣는 교사들도 매우 많다는 것을 알아야 한다.

해설은 특정 주제나 자원에 국한된 것이 아니며 해설적 의사전달과정은 주제나 사물을 가리지 않는다. 어떤 주제에 관한 해설적 의사전달과정이 효과적이라면, 그 결과 '교육'이 이루어지는 것이다. 이러한 상황에서 해설은 결과중심적이고 시장(청중)은 결과(제시된 결과에 대한 성취)를 도출하는 과정에 집중하게 된다.

교육 외적인 영역에서 본다면 해설적 의사전달기술은 마케팅·광고·저널리즘을 포함한 기타 의사전달기술로도 사용된다.

그렇다면 해설적 의사전달과정이란 무엇일까? 의사전달과정에서 사용되는 '해설'은 틸든의 해설이론(틸든, 1957)에 근거한다. 틸든의 기본의사 전달원칙은 대학 신입생들이 배우는 마케팅·광고 교재의 공략시장(청중)과의 성공적인 의사소통이란 단락에서 찾아볼 수 있다.

/2/ 해설 모델

(1) Cherem의 해설 모델

Cherem(1977)은 해설 모델을 다음과 같이 설계하여 설명하였다 (<그림 11>).

우선 해설의 대상을 선정하고 이야깃거리(소재 혹은 요소: 자연, 인문, 풍경, 트레일, 이벤트 등)를 수집한 후 특별한 각도를 주어 주제를 선정한다. 이를 위해 해설지역의 주요 자원, 이야기, 그리고 중요성을 목록화하는 작업은 선행되어야 하며 동료 해설가와 워크숍을 개최하고, 결과를 해설 주제·이야기 흐름도에 반영하는 것이 병행되어야 할 것이다.

하나의 해설 대상에도 무수히 많은 주제들이 만들어질 수 있다. 예를 들면 수목원의 곤충 '밑들이'가 대상일 때, "곤충의 구강 구조는 그들의 포식방법과 닮아 있다."라고 주제를 선정하여 밑들이의 구강의 모습을 중심으로 주제를 선정할 수도 있고 또한 "밑들이는 익충이다."

라고 하여 숲속이나 관목이 많은 곳에서 살면서 작은 곤충을 잡아먹거나 죽은 동물, 식물의 부스러기를 먹고 사는 생활상을 중심으로 해설을 전개할 수도 있을 것이다.

목적에 준하여 도달하고자 하는 목표는 주제와 동시에 설정되는 것으로 해설 계획수립단계에서 가장 먼저 수립되어야 한다. 참여자의 속성을 기초로 학습목표, 행동목표, 감성목표로 설정되는데, 학습목표는 해설가가 참여자들이 무엇을 배우고 기억하고 설명할 수 있기를 원하는지에 초점을 둔 것으로 가장 일반적으로 해설이 완료된 후의 지적(知的)인 도달점을 말한다.

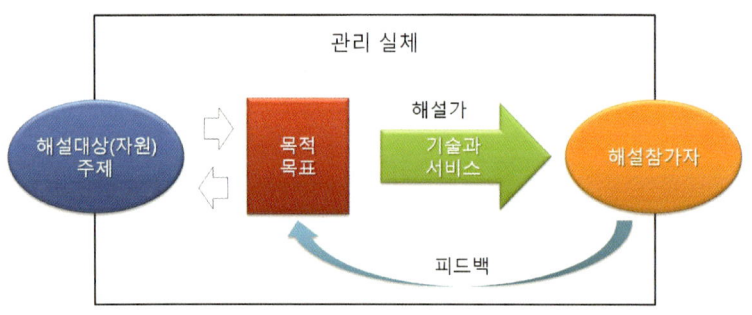

〈그림 11〉 체렘(Cherm)의 해설 모형

행동목표는 해설 프로그램에 참여하고 나서 프로그램에 참가했었던 지역과 유사한 지역을 방문했을 때 참여자들이 해설 프로그램, 전시, 기타 미디어전시에서 얻은 정보나 영감을 실제 행동으로 옮기는 목표로 제시된다. 역사적 유적지 또는 공원을 방문했을 때의 태도 변화 혹은 관련기관 혹은 조직의 구성원이 되기를 희망하거나, 자원봉사를 고려한다든지, 해설 프로그램에 참여하는 동안 바람직한 책임·의무에 대해 배우기 시작한다든지 하는 행동 형태의 목표를 말한다.

감성적 목표는 해설에 의해 이끌어내는 감성의 지향점을 말한다. 감

숲 해설 투어 안내기획법

성은 행동을 이끌어내는 원동력이므로 해설 프로그램에서 감성을 움직이는 것은 중요한 목표 부분이다. 해설 계획자들이 참여자들에게서 이끌어내는 강한 동기 혹은 영감 때문에 참여자들이 해설 프로그램의 주제를 기억하고, 행동적 목적으로 달성하도록 한다. 참여자 대부분은 해설 프로그램에 참여하고 나서 지역사회에 대한 자부심을 느끼게 된다.

예 1) 관련 단체 혹은 기관의 자원관리 계획을 지지한다.

예 2) 해설 프로그램의 이점을 3가지 이상 느끼게 된다.

예 3) 쓰레기를 버리는 것이 정당한 행동이 아니라는 느낌을 가진다.

무엇보다 해설가는 '어떤 것을 모든 사람들에게'로 발전시키기 전에 참여자가 누구이며 또 무엇을 '프로그램 참가자들에게' 해설할 것인지에 대해 미리 파악하도록 노력해야 한다.

이에 대해 Regnier(1992) 등은 "해설가 여러분이 해설 프로그램 참여자들을 이해하면 할수록, 여러분의 프로그램을 더 잘 준비할 수 있을 것이다. 해설가 여러분이 해설 프로그램 참가자들에 대해서 더 많이 이해할수록 참여자들에게 무엇을 할 수 있는지 이해할 수 있으며, 그러한 이해를 바탕으로 여러분은 곧 해설의 일반적인 흐름을 발견하게 될 것이다."라고 주장하고 있다.

해설 프로그램의 평가는 방문한 참여자들로부터 피드백되는 것으로 본래 의도한 목표와 실제로 프로그램 참여자들이 경험한 결과와의 차이를 비교하는 것이다. 이는 참여자들과의 소통(질문, 응답 등)을 통해 확인 가능하며 설문자료 등으로 구체화할 수 있다. 참여자들로부터 산출되는 평가의 변인으로는 참여자의 프로그램 경험 만족도, 태도와 지각수준의 변화 등을 들 수 있다.

(2) John Veverka의 해설 모델

다음 <그림 12>은 해설의 의사전달과정을 보여주는 John Veverka
의 해설 모델이다.

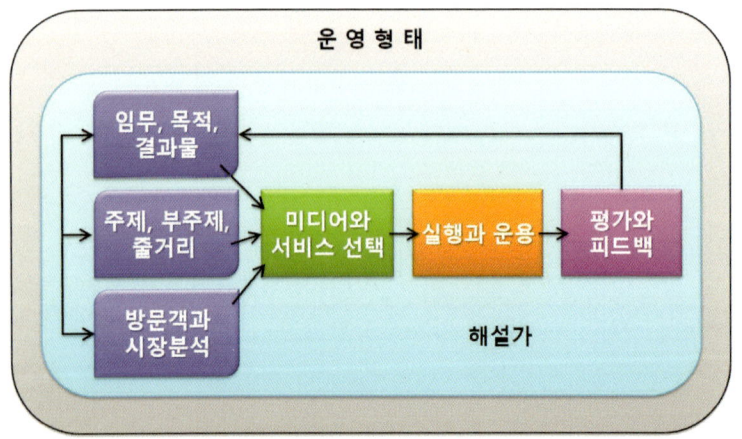

〈그림 12〉 해설 의사전달과정 모델(John Veverka, 2002)

상기 모델은 몇 가지 다른 요소들을 제시한다. 첫째, 해설은 반드시
전달하고자 하는 메시지(무엇)를 포함해야 한다. 해설가가 전하고 싶
은 이야기는 무엇인가? 그리고서 메시지, 프로그램, 서비스의 목적한
바를 이루기 위한 구체적인 목표가 있어야 한다. 해설가는 메시지를
제시할 수 있는 해설적 기술과 그 기술을 구현할 서비스기법(자기안내
해설 서비스, 해설가 동반 해설 서비스, 전시, 출판물 등)을 보유하고
있다(틸든의 해설의 원리 중에서).

해설가는 방문자들에게 메시지를 전달하기 위해, 그들에 대해 가능
한 많은 정보를 알아내야 한다(방문자 및 시장 분석). 방문자가 해설가
의 메시지를 이해하고 수용했는지는 프로그램이나 서비스가 본래 목표

하는 바를 이루었는지에 대해서 평가를 통해서만 알 수 있다. 방문자들이 이해하고 수용하지 못했다면, 프로그램이나 서비스를 수정해야 한다.

실행과 운용 박스에 대해 알아보자. 이는 전시관 같은 해설 프로그램이나 서비스의 실행과 운용을 위한 고려사항을 나타낸 것으로 필요한 비용, 인력, 재료 등에서부터 계획, 디자인, 시공 등이 포함된다.

안쪽 박스에 있는 '해설가'는 각 프로그램의 발표자나 계획자를 일컫는다. 모든 프로젝트나 프로그램은 계획자들의 독특한 관점을 포함하고 있다. 사람들은 그들 고유의 인성, 배경, 발표유형을 지니고 있다. 따라서 각 해설 프로그램이나 서비스는 계획이나 발표를 하는 해설가 개인의 특성을 포함하고 있다.

바깥쪽 큰 박스는 관리현실을 나타낸다. 이는 행정적 사항들로 프로그램·서비스에 영향을 미친다. 행정적 사항의 예는 다음과 같다.
- 해설의 대상이 되는 단체의 정책과 목표
- 대중들의 해설 프로그램이나 서비스에 관한 요청
- 해설이 필요한 관리사항
- 프로그램이나 서비스를 위한 가용예산
- 시간제약과 프로젝트 마감기한
- 특정 해설 프로그램이나 서비스에 관한 정치적 압박
- 기타 등등. 여러분의 어떤 행정적 사항들을 고려해야 한다고 생각하십니까?

(3) 프레젠테이션 모델

어떤 그룹이나 새로운 교육법을 위한 트레이닝 프로그램 등을 고안할 때 참여자들이 추구하는 정보는 다양하지만 박스 안의 요소에 전체적으로 골고루 특별한 주의를 기울인다면 대부분의 중요한 부분을 어느 정도 해결할 수 있다.

〈표 1〉 프레젠테이션 지표와 요소

box 구분	지표(指標)	요소(내용)
A	왜	목표·목적, 의미
B	무엇	내용, 주제, 핵심
C	어떻게	구조, 방법, 과정
D	타당성	효과, 결과, 대안, 신뢰감

그러나 수많은 다른 상황에서와 마찬가지로 대부분 사람들은 관심 있는 곳·사는 곳에서 진행되는 프로그램에 참여하고 거기에 대한 궁금증을 가지는 경향이 있다. 해설가는 해설가가 중요하게 생각하는 '당신의 박스' 안에서만 말하려는 경향이 있을 것이다. 하지만 이는 4분의 3에 해당하는 참가자들을 고려하지 않는다는 의미이다. 이렇게 된다면 해설가는 다른 박스 안에 있는 질문들을 받게 될 것이다. 특히 '만약 실패한다면'이라는 타당성에 관한 질문, 즉 해설가를 곤란에 빠뜨릴 평가와 질문들이 쏟아질 것이다.

예를 들어 수목원 나무의 입장 표명을 스토리텔링의 기법을 적용하여 해설할 때, 해설가가 가진 정보를 '무엇'에만 초점을 맞추어 전개하면 참가자들은 '타당성', '과정' 등의 부분에서 문제를 제기할 수 있을 것이다.

(4) TORE 모델

무엇이 해설 참여자들의 관심을 사로잡는가? 무엇이 해설가들에게 집중하게 하는가? 이런 질문에 대한 답을 제시하기 위한 커뮤니케이선의 해설적 접근법을 햄(Ham, 2013)은 다음과 같이 4가지 측면에서 제시하고 있다.

① 해설은 주제(Theme)를 가지고 있다(T).
② 해설은 조직화(Organized)되어 있다(O).
③ 해설은 관련짓기(Relevant)이다(R).
④ 해설은 즐거운(Enjoyable) 것이다(E).

〈그림 13〉 TORE 모델(Sam Ham, 2013)

/3/ 해설과정 모델

　해설과정 모델은 해설가들이 해설 관련 제품 및 서비스를 창출하고 참여자에게 해설 대상 및 장소에 대한 명확한 의미를 전달하는데 도움이 된다. 해설과정 모델은 해설제품 요소를 창출하는 데에 주안점을 두고 있으며, 효과적인 해설제품은 정확한 정보전달력이 요구된다. 이에 해설과정 모델의 필요성을 제기할 수 있다.

1단계: 해설 장소, 대상, 프로그램 정하기

- 유형적 해설자원은 장소, 대상 등이 될 수 있으며, 해설 전문가들은 유형적 자원을 잘 활용해야 한다.
- 해설제품 및 서비스는 방문객을 자극해야 하며, 해설가들은 참여자가 장소, 생태계 등을 이해할 수 있도록 유형자원을 적절히 이용해야 한다.

2단계: 무형적(Intangible) 의미 나타내기

- 유형적 해설자원은 다양한 무형적 의미를 내포하고 있다. 해설가가 무형적 의미와 가치를 파악할수록, 그 의미와 가치는 유형적 자원과 관련성이 깊다는 것을 알게 된다.
- 해설을 구성하는 유형적 및 무형적 자원의 의미는 개개인마다 다른 방식으로 전달된다.

3단계: 보편적(Universal) 개념 나타내기

- 무형적 의미로 나타나는 보편적 개념은 모든 참여자들이 공감할 수 있어야 하며, 유형적 자원과 관련성을 표출해야 한다.
- 보편적 개념은 포괄적이며 해설가들은 참여자들이 유형적 자원의 의미를 파악하고 관심을 갖도록 하기 위해 보편적 개념을 적용해야 한다.

4단계: 방문자(참여자) 분석

- 방문자(참여자) 유형, 기대 및 경향을 파악하는 것은 해설 프로그램의 성패를 좌우할 만큼 매우 중요한 것이다.
- 해설 전문가들은 유형적·무형적 해설자원이 방문자에게 어떤 의미로 나타나는지를 파악해야 한다.

5단계: 보편적 개념을 포함한 해설 주제 정하기

- 해설 주제는 간단한 문장으로 유형적 자원이 표출하는 무형적 의미를 나타내야 하며, 해설제품 및 서비스를 조직화할 수 있는 의미를 내포해야 한다.

- 해설 주제는 유형적 자원에 보편적 개념을 관련시킬 수 있는 가장 강력한 도구로 방문객에게 명확한 메시지를 전달해야 한다.

6단계: 의미와 관련짓기 위해 해설 기법 사용하기 및 해설 주제 나타내기

- 해설 주제의 메시지를 통해 유형적 자원의 무형적 의미를 방문객에게 효과적으로 전달하기 위해 다양한 해설 기법(비인적 및 인적 기법 등)을 사용할 수 있다.
- 해설 제품 및 서비스는 다양한 해설 기법에 의해 정서적 및 인지적인 방법으로 해설자원의 의미를 전달하고 있다.

7단계: 해설 프로그램 계획을 위한 해설 주제 적용하기

- 해설자원의 의미를 파악하기 위하여 해설 주제의 아이디어를 도출하고 관련지어 보는 것이 바람직하다. 방문객들은 의미 있는 아이디어 및 메시지의 관련짓기를 통하여 해설자원의 명확한 의미를 파악할 수 있다.
- 해설자원의 아이디어를 정서적 및 인지적 관점에서 도출하고 관련짓기를 통하여 효과적인 해설 주제를 다양한 장소에서 적용할 수 있다.

숲 해설 투어 안내기획법

1	해설 장소, 대상, 프로그램 정하기

⇩

2	무형적(intangible) 의미 나타내기

⇩

3	보편적 개념 나타내기

⇩

4	방문자 분석

⇩

5	보편적 개념을 포함한 해설 주제 정하기

⇩

6	의미와 관련짓기 위해 해설 기법 사용하기 해설 주제 나타내기

⇩

7	해설 프로그램 계획을 위한 해설 주제 적용하기

〈그림 14〉 해설과정 모델

요약

이번 장은 해설의 구성과 해설 관련 모델에 대해 초점을 두었다. 해설 모델은
전체적인 의사전달과정을 나타내고, 해설 계획을 세우는 데 필요한 해설과정
모델 및 철학과 전략을 개발하는 기초가 된다.

생각해보기

참가자들의 주목을 끄는 질문 기법

이 책에서 계속 강조하고 있는 내용은 바로 '해설은 일방적인 강의 형태가 아니라 상호작용하는 커뮤니케이션'이다. 그러나 해설가 한 명당 열 명이상의 참여자들이 참여하는 구조에서는 참여자들도 궁금한 것 몇 가지질문하는 것 이외에는 완전한 대화가 이루어지기가 힘든 것이 현실이기도하다.

이때는 해설가가 참여자들에게 질문을 던지면서 상상력을 자극하고, 집중을 유지시키고 의견을 주고받으며 해설을 진행할 수 있다.

〈표 2〉 해설가가 참여자에게 사용할 수 있는 질문유형

질문 유형	일반적 목적	사례
집중	흥미로운 것에 주목 집중시킴	"여러분 모두 땅에 있는 노란 선이 보이시나요?" "이렇게 생긴 쟁기를 전에 본 적 있으세요?"
비교	사물들 사이의 유사점과 차이점 끌어냄	"여기 두 바위를 비교해보시겠어요?" "사람과 사회성이 강한 원숭이는 무엇이 닮았을까요?"
추론	어떠한 판단을 근거로 삼아서 다른 판단을 이끌어내기. 가능한 결과를 탐색함	"이게 사실이라면 그러면 우리는 어떻게 이것을 설명할 수 있을까요?" "이걸 뭐라고 결론내릴 수 있을까요?" "이 들판이 20년 후에는 어떻게 변할까요?"
응용	참여자들에게 서로 다른 상황을 주어 정보를 확신할 수 있도록 함	"이 지식을 집에서 적용해보실 수 있겠죠?" "이러한 것들이 왜 중요할까요?" "이렇게 생긴 도구를 사용하는 것을 어떻게 생각하세요?"
문제해결	현실 세계의 문제와 쟁점에 대한 해결법을 생각하도록 만듦	"침식을 막으려면 무엇이 필요할지 생각해보셨어요?" "만약 여러분들에게 풀과 진흙이 있다면 어떻게 거처를 만드실 건가요?" "이 종을 멸종으로부터 보호하려면 무엇이 필요할까요?"
원인과 결과	참여자들에게 서로 다른 사건이나 사물의 인과관계에 대해 생각하도록 만듦	"왜 이쪽 개울가에 개구리가 더 많을까요?" "주위를 둘러보세요. 이 강은 왜 이렇게 오염되었을까요?" "이 콩은 왜 다른 콩들보다 훨씬 더 빨리 자랄까요?"
평가	참여자들에게 각자의 의견을 내고 다른 사람의 의견을 듣도록 함. 가능한 선택과 판단을 설명하게 함	"가장 공정한 해결법이 뭐가 있을까요?" "옳다고 생각하신 분이 계신가요?" "이것이 옳다고 생각하시나요? 아니면 잘못 되었다고 생각하시나요?"

* 출처: Sam H. Ham, 1992, Environmental Interpretation: A Practical Guide for People with Big Ideas and Small Budgets, Fulcrum Publishing, pp.149-150.

치유의 숲
신원섭 저 | 지성사 | 2005

숲 치유의 역사와 원리, 심리학적, 신체적 변화, 숲 치유 프로그램 사례까지 숲 치유에 대한 전반을 보여주고 있다.

오감으로 밝히는 숲과 과학: 산림욕은 왜 몸에 좋은가
미야자키 요시후미 저 | 박범진 역 | 넥서스 BOOKS | 2007

이 책은 숲 치유라는 개념에 대해 이론으로 알려주고 있다. 숲 치유 프로그램을 개발하거나 운영하기 전에 필히 숙지하고 있어야 할 기본 이론이다. 숲이 신체건강에 어떠한 영향을 미쳐 건강 증진으로 이어지는지 알려주고 있다.

내 몸을 치유하는 숲: 자연이 내뿜는 놀라운 힘
우에하라 이와오 저 | 박범진 역 | 넥서스BOOKS | 2007

『오감으로 밝히는 숲의 과학』이 숲 치유의 기본 이론서였다면, 이 책은 심화 이론 단계이며 숲 치유 실제를 포함하는 책이다. 검증된 요법들과 대상자별 적용 사례를 보여주고 있다.

내 몸이 좋아하는 산림욕
박범진 저 | 넥서스BOOKS | 2006

숲 치유의 기본 이론과 적용 사례를 실험적 검증을 통해 알려주고 있으면서도 쉽게 이해할 수 있도록 구성되어 있다. 초보 해설가들이 바로 적용할 수 있는 이론들이 잘 정리되어 있어 매우 유용하다.

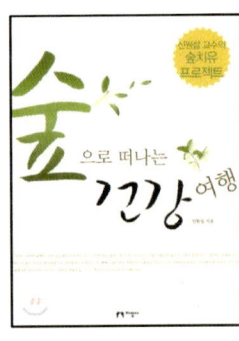

숲으로 떠나는 건강 여행
신원섭 저 | 지성사 | 2007

인간이 숲과 상호작용을 하면서 얻는 건강의 요소들에 대해 자세히 설명하고 있다. 심리적 치료는 물론 신체적 지병 치료까지 다양한 사례를 보여주고 있으며 숲을 효율적으로 이용하는 방법을 알려주고 있다.

제3장

핵심 주제 · 목표 개발

/1/ 해설 주제(Theme) 개발

　해설에 주제와 목표를 사용하면 보다 쉽고 효과적으로 프로그램을 계획할 수 있다. 해설 프로그램이나 서비스를 계획하면서 가장 혼란을 겪는 두 가지 부분은 해설 주제와 해설 프로그램이나 서비스의 목표를 개발하는 부분이다. 이 혼란스러운 해설 계획 과정을 좀 더 쉽고 효과적으로 만드는 데 필요한 몇 가지 아이디어와 예를 살펴보도록 하자.

해설 주제란 무엇인가?

　주제는 모든 프레젠테이션의 핵심 아이디어이다. 방문객과 의사소통을 할 때, 방문객은 프로그램의 핵심 주제를 한 문장으로 요약할 수 있어야 한다. 이 한 문장이 주제가 될 것이다. 주제 개발은 프로그램에 명확한 목표와 조직적인 구성을 부여한다. 일단 주요 해설의 핵심 주제 또는 줄거리의 주제를 정하면, 방문객에게 제시하고자 하는 프로그램이나 서비스에 관한 모든 것은 제자리를 잡기 시작한다. 해설 프로그램의 핵심 전략은 주제문을 작성하는 것이다.

햄(Ham, 1992)에 따르면 좋은 주제의 조건은 다음과 같다.

① 짧고 간결하며 완결된 문장으로 작성한다.

② 오직 하나의 아이디어만 포함한다.

③ 해설의 총체적인 목표를 나타낸다.

④ 구체적이어야 한다.

이러한 이론을 기초하여 정리하면 주제문은 다음과 같다.

① 짧고, 단순하고, 완전한 문장으로 작성해야 한다.

② 한 가지 주된 아이디어를 포함해야 한다.

③ 프로그램이나 활동의 주된 메시지·목적을 내포하고 있어야 한다.

④ 관심과 동기를 불러일으키도록 표현되어야 한다.

몇 가지 주제문의 예를 살펴보자.

- 동굴은 여러 가지 침식과정에 의해 형성된다.

- 야생동물의 서식지를 관리하는 것은 자연뿐 아니라 인간에게도 이롭다.

- 이곳의 야생동물은 인간의 도움이 필요하다.

- 우리 수목원에는 치유력이 있는 식물이 많이 있다.

- 자연은 스스로 정화능력과 평형능력을 가진다.

- 우리가 습지를 보호해야 하는 5가지 이유가 있다.

- 증기 기관차는 우리 삶에 세 가지 측면의 변화를 가져왔다.

주제와 제목을 혼동하지 말아야 한다. 제목을 주제로 착각해서 실수하는 예는 다음과 같다.

- 공원의 새들

- 계절에 따른 야생화
- 새의 이동
- 자생식물을 재료로 하는 요리

해설 주제는 이전에 언급한 고려사항들을 포함해서 '완전한 문장'으로 작성해야 한다는 것을 명심하도록 하자.

테마 개발에서 중요한 것은 머리말을 만들고 테마를 유도하는 것이 바람직하다.

예를 들면 천연동굴은 파도에 의해 만들어진다, 천연동굴은 이산화탄소가 용해된 물에 의해 만들어진다, 천연동굴은 용암의 냉각화로 형성된다.

위의 세 문장은 천연동굴에 대한 머리말이고 여기에서 '천연동굴은 3가지 변수에 의해 형성된다.'라는 테마가 개발될 수 있다.

해설의 주제를 선정하고 이야깃거리를 선정하는 과정에서 조각 정보는 꼭 필요한데 자료나 이야깃거리 정리과정에서 연상단어의 체계를 이용한 마인드맵 훈련과정도 도움이 된다.

<학습 예제>

다음을 이야깃거리로 하여 주제를 나타내어 보세요.
① 단풍나무의 씨앗:
② 오리나무:
③ 홍다리사슴벌레:
④ 풀잠자리류:

/2/ 해설의 목표

다수의 해설 프로그램이나 서비스는 목표 또는 '현실적' 결과물이 없이 계획된다. 무엇을 성취하고자 하는지에 대한 명확한 목표가 없는 해설 프로그램이 성공적으로 운영된 예는 거의 없다.

목표(Objectives) 대 목적(Goals)

보통의 경우 곧잘 목표(Objectives)와 목적(Goals)을 혼동한다. 일반적으로 목적(Goals)이라는 말을 잘 사용하지 않는다. 그 이유는 "나의 목적은 언젠가 플로리다에 가는 것이다"처럼 목적은 정량적 측정이 불가능하기 때문이다.

목표(Objectives)는 결과 중심이고 측정할 수 있다. 다음과 같은 해설 주제를 예로 들어보자. "습지는 우리에게 경이로운 혜택을 제공한다." 이런 주제가 있다면 해설가는 이 주제를 설명하는 데 도움이 되는 다음과 같은 해설 목표가 필요할 것이다.

"모든 참여자가 (본 프로그램을 마치면) 습지가 제공하는 세 가지 혜택에 대해 말할 수 있다."

방문자를 대상으로 사전 질의를 통해 세 가지 혜택을 알고 있는지를 알아보고, 해설 프로그램을 마친 후 다시 질문을 통해 세 가지 방법을 말할 수 있는지를 알아봄으로써 목표 도달 정도를 알 수 있다. 만약 방문객이 세 가지 방법을 답하지 못한다면 해당 프로그램의 목표는 성취되지 않은 것이다. 해설 프로그램이나 서비스의 결과에 따른 목표 도달 정도가 미흡하다면, 해설에 대한 평가도 부정적이 될 수 있다.

해설 프로그램·서비스 계획에 있어 학습목표(인지적 목표), 감성목표, 행동목표의 세 종류의 목표를 사용한다. 습지를 대상으로 해설 프로그램을 마치면 다음과 같은 목표를 생각해볼 수 있다.

① 학습목표: 대부분의 방문자는 습지를 보호해야 할 세 가지 이유를 말할 수 있고, 순서대로 열거할 수 있으며, 묘사할 수 있다.
② 감성목표: 대부분의 방문자는 우리가 행하고 있는 습지보존사업에 대해 좋은 느낌을 받을 것이다. 대부분의 방문객은 습지를 보호하는 것은 그들 자신, 지역사회, 환경에 혜택을 제공한다는 것을 느낄 것이다.
③ 행동목표:
   - 대부분의 방문자는 지역 네이처센터(Nature Center)의 습지 전시관에 가보기를 원할 것이다.
   - 대부분의 방문자는 우리의 습지보존사업을 위한 기금마련에 기부하는 것을 고려할 것이다.
   - 대부분의 방문자는 프로그램에 있는 습지를 보기 위해 습지탐방로를 둘러보기를 원할 것이다.

이러한 학습·감성·행동목표는 해설 프로그램 계획의 핵심이라 할 수 있다. 특히 감성적·행동적 목표는 더욱 중요하다. 이 목표들이야 말로 프로그램에서 정말 중요한 게 무엇인지, 그리고 방문객에게 어떤 영향을 미치고 싶은지를 알려주는 이정표이며 여러분은 나름대로 원하는 만큼 적은 수의 혹은 더 많은 수의 목표를 세울 수 있다. 여러분의 해설 목표가 잘 성취되도록 할 수 있는 두 가지 힌트를 주고자 한다.

다음에 관해 자문해보자.

첫째, 방문자들은 왜 이 정보를 알고 싶어 하는가?

둘째, 나는 방문자들이 프로그램에서 습득한 정보를 어떻게 사용하기를 바라는가?

이 두 질문에 대한 답이 여러분의 목표(프로그램의 내용과 의도하는 결과)를 개발하는 데 도움을 줄 것이다.

해설의 목표를 기술(記述)할 때 해설에 참여한 참여자를 주체로 하여 이루고자 하는 목표를 보다 구체적으로 기술해야 한다. 이는 정규 교육과정의 학습목표의 형태와 같으며 '~가~을 얼마나 혹은 어떻게~ 할 수 있다'로 나타낸다.

예를 들면 "초등학교 6학년 참가자들은 수목원 습지체험을 통해 수목원 습지식물의 유형과 살아가는 방식을 잘 이해할 수 있다", "강원도에서 온 50대 아주머니들은 수목원을 구성하는 나무의 종류를 30% 말할 수 있다", "7살 어린이들은 도시보다 촌락지역에서 별들을 더 많이 볼 수 있는 이유를 말할 수 있다."

요약

본 장에서는 효과적인 해설을 수행하는 데에 실질적으로 도움이 되는 핵심 주제 및 목표의 개발에 대해 알아보았다.

주제의 문장화는 전달 내용(메시지)의 핵심을 잘 나타내도록 하는 것으로 해설가가 지속적으로 훈련해야 하는 부분이며, 목표는 프로그램 구성의 핵심이 되고, 전체적인 프레젠테이션을 계획하는 데 도움이 되며, 프로그램이 성공적이었는지 아니면 단순한 즐김에 그쳤는지를 평가하는 척도이다.

초보자를 위한, 동선 따라 해설 주제 만들기

'생각해보기'에는 여러 해설 모형과 기법, 설계법 등에 대해 설명하고 있다. 그러나 막상 주제를 잡고 시나리오를 작성하려면 어려움을 느끼게 된다. 시나리오를 정식으로 작성하려면 ① 화제를 고르고, ② 주제를 만들고, ③ 전체 개요를 잡고, ④ '2-3-1 원칙'에 따라 도입, 전개, 마무리를 만들고, ⑤ 재정렬하는 것이 순서이다. 그러나 초보 해설가들은 아래와 같은 방법을 쓰면 첫 해설이 수월할 것이다. 단, 이 방법은 단순하고 무미건조한 해설을 만들기 쉬우니 자주 사용하지 않는다.

1. 동선 파악하기

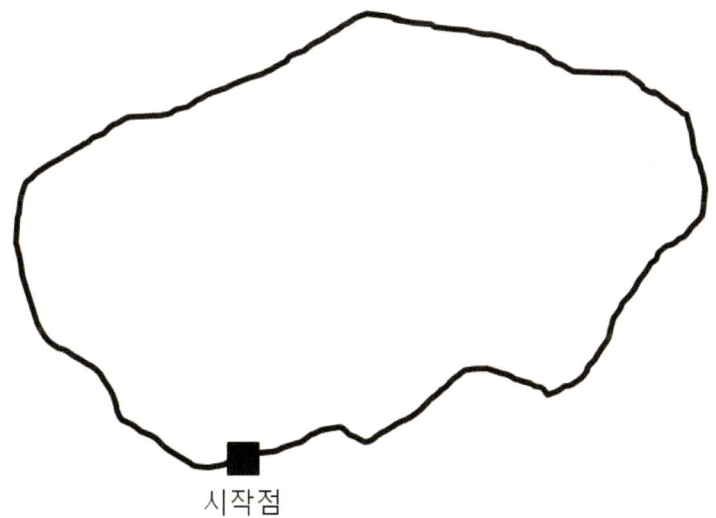

시작점

〈그림 15〉 동선 파악하기

해설할 장소에서 참여자들을 인솔해서 30분~1시간 정도 걸을 수 있는 길을 선택하여 동선을 잡는다. 동시에 위험요소는 없는지, 날씨에 따른 동선의 변화는 없는지 확인한다. 동선은 되도록 순환형으로 만드는 것이 좋다.

2. 해설 장소 정하기

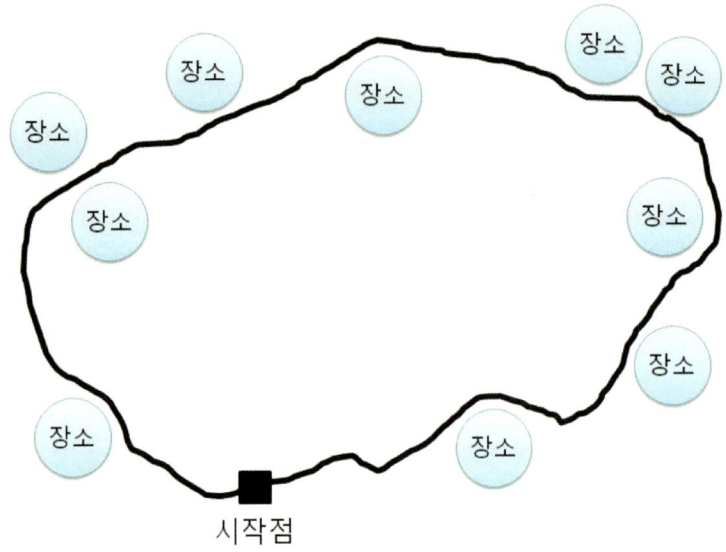

〈그림 16〉 해설 장소 정하기

참여자의 인원수에 맞게 잠시 멈춰 서서 이야기를 할 수 있는 장소를 물색한다. 되도록 찾을 수 있는 모든 장소를 찾아둔다. 장소 물색 시 주변에 군락을 이루고 있는 식생 및 곤충, 동물의 흔적 등을 조사해둔다.

3. 장소를 보고 공통점 찾아 화제 정하기

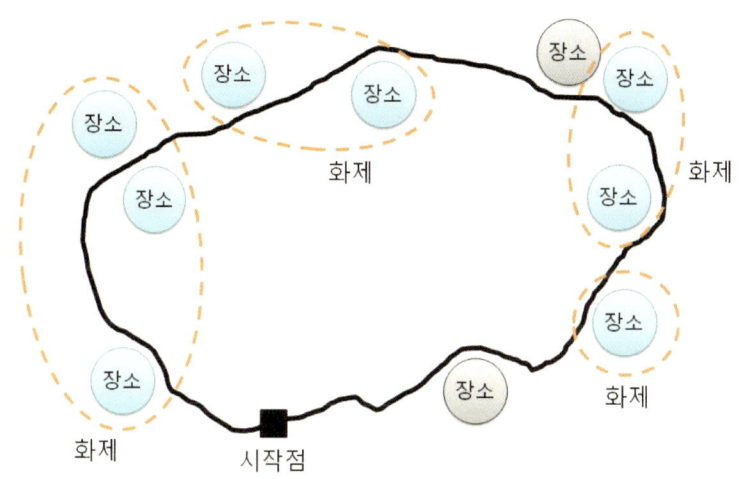

〈그림 17〉 장소를 보고 공통점 찾아 화제 정하기

조사한 장소들 간의 공통점을 찾는다(예: 식생, 경관 등). 공통점이 아니라면 비교, 대조할 것을 찾는다(예: 낙우송과 메타세쿼이아, 산수유와 생강나무, 철쭉과 진달래). 그렇게 장소들을 묶어 화제를 찾는다. 만약 너무 동떨어진 화제를 갖고 있는 장소는 해설 흐름이 시간에 쫓기지 않기 위해 과감히 버린다. 장소들을 묶다보면 한 화제에 포함된 장소의 수가 제각각 다를 수도 있다.

4. 화제들을 모아 한 문장으로 된 주제를 만들기

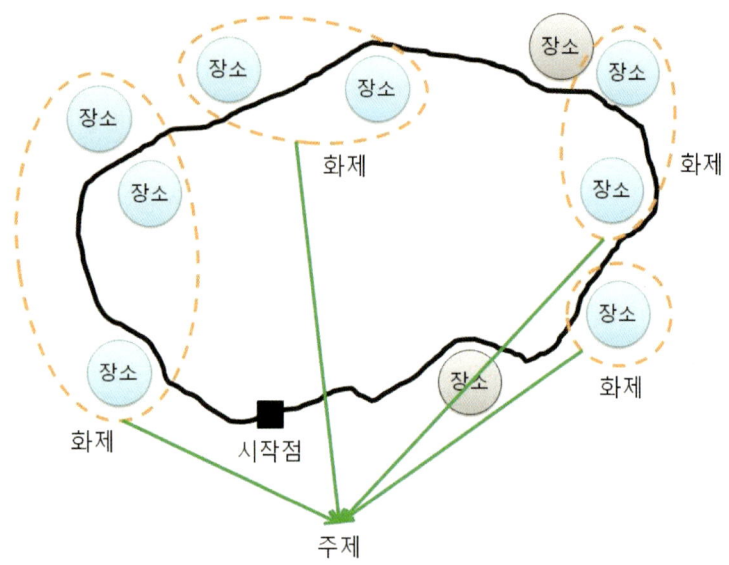

〈그림 18〉 화제들을 모아 한 문장으로 된 주제 만들기

장소를 묶어 화제를 선정한 것을 공통된 의미를 담아 하나의 문장으로 만
든다. 그것이 바로 주제가 된다. 화제에 사용된 단어 자체를 문장으로 만
드는 것이 아니라, 그 화제들 내에서 다시 공통점 및 의미를 찾는 것이다.

5. 마지막으로 해설의 흐름에 맞게 진행 방향 정하기

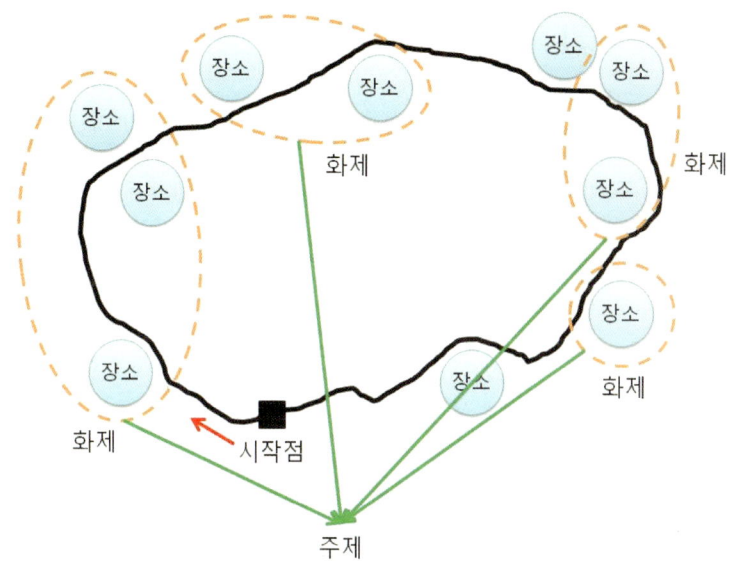

〈그림 19〉 해설의 흐름에 맞게 진행 방향 정하기

순환형 동선이라면 시작점이 바로 종료점이 된다. 그리고 방향도 양쪽 중 하나를 선택하여 진행할 수 있다. 진행 방향은 참가자들이 초반에 관심을 가질 수 있는 순서로 시작하는 것이 좋다.

이렇게 정해진 화제와 주제, 진행 순서대로 해설 시나리오를 작성한다.[1]

---

1) '생각해보기 – 시나리오 쓰기의 2-1-3 원칙'(p.95) 참조

Interpretive Writing
Alan Leftridge 저 | InterpPress | 2006

영문법 이론을 기준으로 하여 글쓰기 연습을
적용하기에는 어려움이 있을 수 있으나, 리플
렛, 해설 표지판 제작 시 명확한 의미전달과 강
한 인상을 남길 수 있는 문장을 만드는 이론을
예시와 함께 배울 수 있다.

**The Nature Center Book: How to Create and
Nurture a Nature Center in Your Community**
Brent Evans, Carolyn Chipman Evans 공저
| InterpPress | 2004

네이처센터의 기획과 설계 그리고 방문객들의
유형에 맞는 해설 프로그램 제공까지 네이처센
터의 역할에 대한 모든 것을 보여주고 있다.

제4장

현장해설을 위한
언어-접점을 만들어라

/1/ 현장해설 커뮤니케이션

    해설가는 참여자와의 소통을 위해 참여자의 언어적 다양성을 고려한 여러 유형의 언어를 구사하는 것이 필요하다. 여기서 언어란 일상생활 속의 언어를 말하며 보다 광의의 언어인 보디랭귀지 등 비언어적 표현 수단 역시 포함한다.

    <다양한 언어의 사례>
    - 아이들의 언어
    - 시골 사람들의 언어
    - 도시 사람들의 언어
    - 전문가들의 언어
    - 지방 거주자들의 언어
    - 관광객들의 언어 등등

〈그림 20〉 국립수목원의 어린이 자연관찰산책 프로그램에 해설과 참여자의 접점 만들기

언어적 소통의 중요함은 해설이 보통사람들의 일상생활과 연관되어 있어야 한다는 데서 연유한다. 참여자의 입장에서 참여자를 이해하고 참여자의 일상생활과 관련된 언어를 사용하는 것이 중요한 만큼 해설가들이 그런 프로그램을 만들기 위해서 '휴양적 교육'에 관한 몇 가지 보편적인 개념과 원리를 아는 것이 도움이 된다. 그렇다면 해설가는 참여자의 '언어'를 어떻게 이해할 것인가, 그리고 어떤 방법으로 해설가의 메시지·이야기와 방문객의 언어 사이에 현실적인 '접점'을 만들 것인가에 대해 알아보자.

해설가는 어린이(부모 포함)의 주의를 끌고, 그들 모두의 수준에 맞는 '접점'을 만들기 위해 각고의 노력을 기울여야 한다.

/2/ 방문자의 언어를 이해하라!

    해설가는 성공적인 현장 해설을 위해, 방문자가 해설가가 설명하는 자원과 유물을 얼마나 또 어떻게 학습하고 기억하고 있으며 표현할 수 있는지에 대해, 가능한 한 많은 정보를 보유해야 한다. 하지만 더 중요한 것은 방문자와의 의사소통에서, 실상인 존재를 보여주고 존재 경험의 폭을 넓혀주는 매개인 언어를 활용하는 능력 발휘이다. 해설가로서는 분명 특정 언어의 관점을 가지고 존재를 보고, 따라서 그 존재를 언어가 가리키는 무엇으로 해석하도록 방문자와 소통하는 부분에 매우 많은 노력을 기울여야 함은 당연하다.

    무엇보다 전달하고자 하는 해설의 대상이 지니는 의미를 충분한 탐색한 후 오개념을 작동시키지 않는 언어적 변환을 통해 충실하게 표현하도록 하고 이를 방문자의 언어에 적용하는 과정이 요구된다. 교육적 소통이 반드시 개인 간의 상호작용을 화맥(話脈)으로 전제해야 한다는 것과 상호작용 시 청자(배우는 이)의 언어를 중요하게 취급하여야 한다는 구성주의 교육의 주장은 해설에서 언어적 접점을 찾는 것의 필요함을 나타내고 있다.

언어적 상호작용을 위해서는 참여자 언어 특징에 대해 이해하는 것이 필요하므로 연령에 따른 언어적 성향을 유아와 아동의 경우를 사례로 소개하면 아래와 같다.

(1) 유아기

유아기는 영아기(출생 후 24개월까지)가 끝나는 만 2세부터 초등학교에 입학하기까지의 시기로 영아기에 이어 계속적인 발달이 이루어져 신체의 성장과 더불어 운동기능의 발달이 점차 세분화되고 스스로 자신의 신변처리를 할 수 있게 된다. 인지발달도 눈에 띄게 좋아지면서 표상적 사고를 하고 기억능력도 향상된다. 특히 언어발달이 급속하게 이루어져 사용하는 단어의 수가 증가하고 여러 단어를 연결하여 문장을 만들며 문법과 의사소통기술도 현저하게 발달한다.

특히 유아기는 생애 중 가장 현저하게 언어발달을 나타내는 시기로 두 단어 구사 시기가 끝나는 2세경부터 두 단어 문장과 세 단어 문장을 동시에 구사하고, 세 단어 이상을 쓰는 다어문시기(2~4세)를 거쳐 문법 규칙을 익히는 동사숙달기인 만 6세경까지 언어발달이 급속히 이루어진다.

이 시기 언어적인 특징의 첫 번째는 단어수의 급속한 증가이다. 유아기 말까지 보통 10,000개의 새로운 단어를 습득하게 되는데, 이는 하루에 평균 6개 정도의 새로운 단어를 습득하는 셈이다. 유아의 단어 습득은 주로 사물의 이름을 붙이는 데 사용하는 참조적 양식(referential style)에서 나타나며 좀 더 다양한 개인적, 사회적 단어를 구사하는 표현적 양식(expressive style)에 이르기도 한다. 단어 의미에 대한 특징으로 언어의 추상성에 대한 이해를 하지 못하며 단어의 의미를 확장하여 인지하지 못하고 단일 단어에 대해 단일 의미로 이해한다. 또한 주어진 상황에서 유사성을 추출하여 그를 근거로 단어의 의미를 과잉 확대시키기도 하고 과잉 축소시키기도 한다. 단어수의 사용에서 보면, 2세경이 되면 유아는 두 단어로 된 문장(telegraphic sentence)을 만들어 사용함으로써 이전보다 효과적인 의사소통을 할 수 있다. 4세경이 되면 3~7개의 단어들로, 5세경에는 6~12개의 단어를 사용하여 문장을 구사하므로 거의 완전한 문장을 구사한다고 할 수 있다. 문법적 특성을 보면, 유아기 초기의 전문식 문장에 점차 문장의 요소들이 첨가되는 양상으로 나타난다. 3세경, 부정문이나 복수형에 대한 개념이 생성되어 '싫어', '아니'와 같은 부정적 의미의 문장을 흔히 구사하고 4~5세경에는 부사, 형용사 및 어간에 붙는 어미를 달리 하여 문장 변형을 할 수 있으며, 5~6세경에는 성인문법에 접근하게 된다. 이때 유아는 능동적으로 문법적 규칙을 찾아내고 적용하려는 노력을 하는데, 특정 문법 규칙을 일관 적용하는 과잉일반화(overregularization)를 초래하기도 한다.

〈그림 21〉 유아 대상 해설에서의 언어적 접점 찾기

비록 유아기 후반에 완전에 가까운 문장을 구사할 수 있다고 하더라도 이들의 단어 활용 능력은 미숙하고 문법적으로도 아동기에 미치지 못하므로 충분한 고려가 있어야 한다. 유아를 동반한 가족 혹은 유치원 원아들을 대상을 하는 해설에서는 이러한 유아기의 언어 발달 특성을 감안하여 보디랭귀지, 시각적 도구 등 다양한 매체를 사용하여 언어적 접점을 찾도록 하여야 할 것이다.

(2) 아동기

아동기(childhood)는 초등학교에 입학하는 7세부터 13세 시기로 흔히 학령기로 불린다. 아동기는 다시 아동 전기(초등학교 1~2학년), 아동 중기(초등학교 3~4학년), 아동 후기(초등학교 5~6학년)로 나누이며 생활의 중심이 가정에서 학교로 옮겨지게 됨에 따라 학교생활이 중요해지고 이를 통해 다양한 사회적 관계를 형성하는 시기이다. 뿐만 아니라 아동기는 건전한 사회구성원이 되기 위해 알아야 할 기초적인 기술과 성역할의 습득 및 인지능력의 발달이라는 발달과업을 수행해야 하는 중요한 시기로서, 이러한 발달과정을 통해 아동기 말에 이르러 자신의 욕구를 표현하고 조절할 줄 아는 개성 있는 사람으로 성장하게 된다.

아동기에는 유아기에 비해 인지능력에서 상당한 발전을 보인다. 좀 더 세련된 방법으로 상징을 사용하고 논리적으로 생각할 수 있으며 사물의 한 측면에서만 집착하지 않고 여러 가지 측면을 고려하여 결론을 이끌어 낼 수 있다. 타인의 관점을 이해하고, 유아기의 직관적 사고에서 논리적 사고로, 자기중심적 사고에서 가역적 사고로 전환된다. 그러나 아동기의 논리적 사고는 아직 상황이 구체적이고 직접 경험한 세계에 관해서만 가능하여 추상적이고 가설적인 사고를 하는 것에는 한계가 있다.

아동과의 언어적 소통에서 아동의 인지발달에 이해는 반드시 수반되어야 하는 것이므로 인지발달 단계를 사고의 특성과 언어발달로 나누어 살펴보면 다음과 같다.

1) 사고의 특성(구체적 조작기 사고 특성)

6~7세 아동에게는 새로운 형태의 사고 과정이 등장하게 되는데, 실제 행동을 통해서가 아니라 사고과정을 통해서도 많은 활동을 대상에게 수행할 수 있게 된다.

① 보존개념

물체의 외형상 변화에도 불구하고 빼거나 더하지 않으면 그 양은 보존된다고 판단하는 능력이다. 유아기에는 높이나 폭 한 가지 차원밖에 고찰할 수 없었으나 아동기에는 높이와 폭의 두 가지 차원을 동시에 고려할 수 있게 된다. 이러한 보존 개념은 가역성, 보상성, 동일성이라는 세 가지 개념의 획득이 전제되고 있다.

② 탈중심화

아동은 가족, 또래를 비롯한 여러 다른 사람들과 상호작용하면서 서로의 생각을 비교하고 다른 요소들을 무시한 채 한 가지 요소에만 주의를 집중하는 자신의 사고가 지니는 모순점을 발견하게 된다. 이에 따라 자기중심성이 감소하면서 여러 요소를 고려할 수 있는 탈중심화(decentration)가 이루어진다. 탈중심화는 자극의 여러 특성에 주의를 기울여 새로운 지식을 얻게 함으로써 지각적 오류를 감소시키고 타인의 조망이나 입장을 고려하는 것을 가능케 함으로써 사회적 발달에도 도움을 준다.

③ 서열화

사물의 특성을 양적 차원에 따라 차례로 배열하는 능력을 의미한다. 사물의 크기나 양이 증가하는 순서나 감소하는 순서대로 배열하는 서열개념은 연령에 따라 다르게 나타나는데 길이 개념은 7~8세, 무게 개념은 9세, 부피 개념은 11~12세경에 보통 나타난다.

④ 유목화(classification)

사건이나 사물을 일정한 규칙에 따라 분류하지는 유아기와 달리 아동기는 대상과 대상 간 공통점과 차이점 및 관련성을 이해하여 대상물을 분류할 수 있게 된다. 이는 다시 물체의 한 가지 속성에 따라 분류하는 단순 유목화, 물체를 두 자지 이상의 속성에 따라 분류하는 다중 유목화, 상위 유목과 하위 유목 간의 관계를 포함하는 유목포함(class inclusion) 개념으로 나눈다.

2) 언어발달

유아기에 상당히 많은 언어능력을 획득하였지만 언어적 유능성을 판가름하는 중요한 발달은 보통 아동기에 이루어진다. 학령기 아동들은 보다 많은 단어를 학습하게 되고 길이가 길고 문법적으로 복잡한 문장을 이해하고 사용할 수 있게 된다. 동시에 타인과의 의사소통기술도 대상과 맥락에 따라 보다 세분화된다. 무엇보다 이 시기의 언어발달에서는 읽기와 쓰기 능력이 빠르게 발달하기 시작한다는 점에 주목해야 한다.

① 어휘와 문법 발달

아동기에는 어휘량의 증가뿐만 아니라 복잡한 문법을 사용하게 된다. 6세경 약 1만 개의 단어를, 10세경 약 4만 개의 단어를 이해하게 된다. 이 시기 아동들이 획득하는 언어능력 중 하나는 단어의 형태학적 지식(morphological knowledge)에 관한 것인데, 이는 단어를 구성하는 형태소의 의미에 대한 지식을 획득하게 됨을 말한다. 아동들은 형태학적 지식을 이용하여 익숙하지 않은 단어의 구조를 분석하고 그 의미를 추론할 수 있게 된다. 어휘력의 증가와 함께 유아기에 비해 단어를 더욱 정확하게 사용하게 되고 단어에 대한 사고도 보다 성숙하게 되는데, 예를 들면 유아기에 특정 단어의 의미를 물으면 그 단어의 기능이나 외양을 언급하며 구체적으로 묘사하지만 초등학교 아동들은 그 단어의 동의어나 범주적 관계를 나타내어 설명한다. 또한 단어의 이중적 의미를 파악함으로써 미묘한 은유적 표현이나 유머도 이해하게 된다. 더불어 학령기 아동들은 유아기 때 보이던 문장의 오류를 수정하게 되고 보다 복잡하고 긴 구분을 사용할 수 있게 된다. 초등학교 고학년으로 가면 논리적인 추론과 분석적인 묘사가 가능해지므로 문법에서도 비교급, 가정을 사용할 수 있게 된다.

② 의사소통기술의 발달

아동기에는 의사소통기술이 크게 발달한다. 특히 분명한 언어적 메시지를 전달할 수 있는 능력인 참조적 의사소통기술(referential communication skills)이 발달한다. 유아기와 달리 학령기 아동들은 상대방이나 자신의 메시지가 분명하지 않을 때, 어느 부분이 모호한지를 인식하고 그 부분을 분명하게 만드는 참조적 의사소통기술을 발달시키게 된다. 이는 이 시기의 인지적 특성으로 자기중심성이 완화되고 역할수용 기술을 획득하게 되며 듣는 이에 맞도록 말을 조절하여야 한다는 사회언어학적 이해능력의 발달이 현저하기 때문이다.

③ 읽기와 쓰기 능력의 발달

초등학교 1학년은 글 읽는 법과 문자를 소리로 바꾸는 능력을 획득하게 되나 글을 통해 정보를 획득하는 능력이 급속히 발달하는 시기는 초등학교 4학년 이후이다. 초등학교 4학년부터는 읽기를 통한 학습이 이루어지는데, 읽기를 원만하게 하지 못하면 학업수행에 심각한 문제가 발생할 수 있다.

〈그림 22〉 아동기 언어적 접점 찾기

여러분의 현장 해설 프로그램 계획에서 방문자와 언어적 상호작용을 실현하는 데 도움이 될 만한 몇 가지 보편적인 학습개념과 원리를 살펴보자.

· 학습개념

- 사람들의 과거는 현재와 이어져 있다. 여러분은 참여자의 지식과 경험이 여러분의 해설이나 줄거리에 얼마만큼 연관되어 있는지를 알아내야 한다. 방문자가 최근 다른 박물관이나 유적지에 방문한 적이 있는가? 만일 그랬다면 어디를 방문했는가? 방문자는 그곳에서 좋은 경험을 했는가?

- 첫인상은 매우 중요하다. 여러분이나 여러분의 프로그램에 대한 방문자의 첫인상은 매우 중요하다는 것을 명심하라. 여러분의 복장(유

니폼 또는 코스튬)은 프로그램에 참여한 방문자를 환영하는 인사의 표현이고 또한 프로그램의 시작을 알리는 무언의 신호이다.

- 의미는 단어에 있는 것이 아니고 사람들에게 있다. 만일 우리가 '나무'라는 단어를 말한다면 여러분은 어떤 나무를 떠올리는가? 우리는 모두 우리만의 '시각적 사전'과 스스로의 단어 해석력이 있다. 여러분이 해설에서 어떤 유물이나 자원을 묘사할 때 방문자는 무엇을 떠올릴까? 여러분과 방문자 사이에서 전달하는 '의미'에 차이가 생기지 않도록, 해설에 적합한 시각적 보조교구를 준비해야 한다. 최첨단 기술의 장비는 방문자에게 생소하다는 것을 주의하도록 하자. 그리고 방문자가 당연히 시각적 교구의 의미를 알아차릴 것이라 여기지 말고 무엇인지에 대해 설명해야 한다.

- 간결한 메시지와 명확한 구성 해설의 주요 목표는 설명이 아니라 자극을 주는 것이다. 해설하는 여러분의 임무는 방문객을 역사, 과학, 예술 등의 분야에 전문가로 만드는 것이 아니다. 여러분의 임무는 그들로 하여금 더 배우고 싶게 하는 영감을 주는 것이다. 프로그램을 간결하게, 집중력 있게, 재미있게 만들어라.

/3/ 언어적 접점을 응용한 프로그램 구성계획

현장 해설 프로그램의 성공을 보장받기 위해서 핵심주제, 목표개발, 방문자 분석 등이 먼저 이루어지고 그들을 구성하는 계획과정이 필요하다.

- '무엇' 무엇이 프로그램의 핵심주제인가? 주제는 앞에서 연습한 방법으로 다음과 같이 완전한 문장으로 표현한다. '일제시대의 벌목 역사는 오늘날의 우리 개개인에게도 영향을 미칩니다.' 하나 더 예를 들어 본다면 '경북 봉화의 초기 정착민들은 계곡에서 경작할 수 있는 창조적인 방법을 발견했습니다.' 주제가 정해지면 해설 프로그램에서 '방문자에게 주제를 실증'하면 된다.

- '왜' 여러분은 '왜' 프로그램을 제공하는가? 여러분 현장 해설의 목표는 무엇인가? 학습했듯이 모든 해설 프로그램을 '계획'할 때 세 가지 종류의 목표를 반영할 수 있다. 예를 들면 "학습목표: 프로그램이 끝났을 때 방문자의 60%는 경북 봉화 정착민들이 발명한 혁신적인

경작법을 설명할 수 있다, 행동목표: 프로그램이 끝났을 때 방문자 대부분은 박물관에 가서 경작에 사용된 농기구를 보고 싶어 한다, 감성목표: 프로그램이 끝났을 때 방문자의 호기심과 흥미가 높아져서 박물관 전시품을 둘러볼 마음이 생기고, 향후 다른 현장 해설에도 참여하고 싶은 마음이 생긴다."

목표는 측정 가능하다는 것은 이미 앞의 장에서 탐구하였다. 또한 여러분이 해설의 주제나 토픽을 정하고, 프로그램에서 성취하고자 하는 목표를 기록하였다면, 반드시 자문해야만 하는 매우 중요한 '두 가지 질문'이 있었음을 다시 상기해보자.

- 방문자들은 왜 이 정보를 알고 싶어 하는가? 이 질문에 대한 답이 바로 방문자와 '접점'을 이루는 부분이고 그들에게 프로그램에 참여할 이유를 제공한다.

- 여러분은 방문자들이 학습한 정보를 어떻게 사용하기를 바라는가? 만약 방문자가 습득한 정보를 사용하기를 바라지 않는다면, 여러분은 왜 프로그램을 시행하는가? 이 질문에 대한 답은 여러분 프로그램의 행동목표가 될 것이다.
여러분은 아무도 궁금해 하지 않는 점에 대해 많은 시간을 들여 대답하는 것을 바라지는 않을 것이다.

- '누구' 프로그램에 참여하는 방문자는 누구인가? 그들의 연령대, 지식수준, 흥미도 등이 어떠한가? 그들은 어느 정도의 시간을 할애할 수 있는가? 프로그램에 참여하는 '방문객의 목표'는 무엇이라 생각하는가? 방문자에게 특별히 필요한 서비스는(시각적·청각적 장애, 신체

적 장애 등에서) 없는가?

현장 해설을 계획할 때 시간과 노력을 줄이기 위해 무엇, 왜, 누구를 고려하자. 또한 '두 가지 질문'에 대한 답은 단순한 큐레이터의 전시설명이나 자원 전문가의 설명이 아닌, 방문자와 연관된 효과적인 프로그램을 구성하도록 도와줄 것이다.

해설 프로그램 사례 - 국립백두대간 수목원

(1) 어린이 정원 해설계획
  (가) 장소 설명
    · 숲 생태와 지구온난화 문제를 주제로 전시하며 어린이들이 활동하게 될 공간으로 개발함
    · 각 지역은 다양한 학습 유형과 단계별 교육 수준을 고려하여 디자인함
    · 필요 면적의 결정이 선행되어야 함
  (나) 해설 주안점
    · 어린이 정원은 어린이들의 기초교육·체험 공간임
    · 부모들을 위한 학습·체험 장소로 활용함
    · 학습안내서를 연령대별로 개발함. 학습안내서는 주로 전시지역에서 사용되지만 박물관 입구에서부터 사용할 수 있도록 함
  (다) 해설테마
    · 백두대간의 기후 변화가 숲 생태계/백두대간 관련 문화유산에 미치는 영향 이해
    · 현세대와 미래세대가 백두대간의 자원들을 관리하고 보전할 수 있는 방법 고려
  (라) 세부 해설테마

    · 식물의 조직
    · 나무의 수명
    · 식물 냄새
    · 물속에 사는 식물
    · 숲의 소리

    · 아파트처럼 지은 나무 모형(나무 모형 안으로 들어가서 활동할 수 있음)
    · 토양의 생성과정(퇴적모형 전시)
    · 씨앗이 식물로 성장하는 과정(활동하고 나서 집으로 가져갈 수 있음)

- 씨앗 뿌리기
- 숲에 서식하는 동물
- 한국가옥에서의 활동
- 태양, 물, 바람이 식물에 미치는 영향
- 토양 밑에서 서식하는 생물 및 이유
- 식물이 우리 삶에 미치는 영향

(마) 장소 개발 목표
- 해설테마를 반영하여 해설지역 계획, 활동·체험의 개발, 어린이를 동반한 부모나 선생님을 통한 해설이 이루어질 수도 있음
- 해설지역 설계에는 특히 부상방지 등 어린이들의 안전을 고려함
- 사계절이 모두 제시될 수 있는 계획 및 디자인 개발
- 미래의 해설전시계획 개발

(바) 해설목표
- 각 활동을 하고 싶은 동기부여(연령별 접근)
- 각 전시활동에 재미를 느낌
- 직접 참여하거나 관찰을 통한 교육적 개념 이해
- 기후와 인간이 산림과 식물에 미치는 영향에 대한 일반적 이해
- 식물이 일상생활에서 미치는 영향에 대한 이해
- 박물관에 있는 실험실에서의 학습

(사) 해설매체 및 서비스
- 다양한 활동을 포함한 해설매체 활용

〈그림 23〉 어린이 정원의 해설매체

(2) 모험의 숲 해설계획

   (가) 해설테마

     · 백두대간의 기후 변화가 숲 생태계 및 문화유산에 미치는 영향을 이해

     · 미래세대가 백두대간의 자원들을 관리하고 보전할 수 있는 방법에 대해 생각해봄

   (나) 세부 해설테마

     · 야생동물과 인간과의 운동신경 비교

     · 식물과 인간과의 구조 비교

     · 생태계 구조에 의한 환경 순환과정

   (다) 장소 개발 목표

     · 주 대상이 어린이임을 고려하여 모든 안내와 해설자료는 1m 이내의 높이로 설계 조성함

     · 해설하는 대상을 참여대상이 좋아하는 캐릭터로 선정하고 대화체의 문항을 통해 흥미를 유발시킴

     · 글보다 이미지로 표현하여 어린이의 이해를 높임

〈그림 24〉 참여 대상에 적합한 해설 캐릭터 선정

   (라) 해설목표

     · 생태자원을 확대모형의 놀잇감(예: 풍뎅이, 버섯, 꽃 등의 모형)으로 표현하여 생태자원의 구조를 익힘

     · 자연의 생태자원과 인간의 구조적 기능을 비교함

     · 자연생태계의 원리를 놀이로 이해

     · 대상의 수준에 맞게 놀잇감을 활용하여 자연에 대한 친밀도를 높임

〈그림 25〉 확대모형으로 나타낸 생태자원

(마) 해설매체 및 서비스

· 오감을 활용한 동식물 분류 놀이판
· 참여 대상이 흥미를 보일 만한 곤충과 야생동물에 관한 해설 표지판
· 휴대전화나 아이팟을 통한 음성 해설
· 숲의 천이 및 먹이사슬에 대한 자기안내 리플릿·브로셔 해설
· 각 놀잇감의 활용 방법에 대한 해설 표지판

〈그림 26〉 참여 대상이 흥미를 가질 수 있는 해설 표지판

해설의 세 가지 혜택

해설가는 방문자에게 대상지와의 연결고리를 제공해야 한다. 여러분의 해설 프로그램은 방문자에게(기관·단체의 운영자들에게도) 다음과 같은 세 가지 혜택을 제공할 수 있도록 계획하여야 한다. 해설 프로그램이 다음 사항들을 어떻게 도울 것인지에 대해 고려해야 한다.

- 해설 지역이나 해설 자원에 혜택을 제공한다. 예를 들면 해설 프로그램은 역사적 구조물의 손상을 감소시키는 데 도움을 줄 것이다. 또는 방문자가 지정된 탐방로에만 머물 수 있도록 도움을 줄 것이다.
- 방문자에게 혜택을 제공한다. 방문자가 여러분의 프로그램에 참여하면 어떤 혜택을 입을 수 있는가? 방문자를 위한 무엇이 프로그램에 존재하는가? 이 질문에 대한 답은 프로그램 홍보에 사용할 수 있다.
- 여러분의 프로그램은 여러분이 일하는 기관·단체에 어떤 혜택을 제공하는가? 회원 수의 증가? 기념품 가게의 매출 증가? 지금보다 나은 기관의 '이미지' 등이다.

여러분이 기획한 생산품의 산물은 무엇인가?

우리는 현장 해설을 하면서 '해설'에 휘말려 진짜 의도한 바를 잊어버리기 쉽다. 해설 프로그램의 아이디어를 잠재적 사용자(연관된)가 알고, 이해할 만한 내용으로 만들어 '생산품의 산물'을 판매해야 한다. 구체적인 상품판매의 예를 들어보자.

- 드릴을 파는 것인가 아니면 구멍을 파는 것인가?
- 화장품을 파는 것인가 아니면 희망을 파는 것인가?
- 새 차를 파는 것인가 아니면 지위를 파는 것인가?

여러분의 현장 해설에서 기획한 생산품의 산물은 무엇인가?

- 여러분은 유물 구경하는 것을 파는 것인가 아니면 유물을 만든 문화, 사람들의 가치를 파는 것인가?
- 여러분은 방 안의 가구 구경하는 것을 파는 것인가 아니면 가구를 만들고 사용한 사람들의 긍지를 파는 것인가?
- 여러분은 '소장품'을 파는 것인가 아니면 역사적 자료를 수호하고 보존한 사람들에게 제공되는 혜택을 파는 것인가?

'접점'을 찾기 위해서

우리는 수년간의 해설 관련 연구를 통해 '현장 해설'이야말로 여러 가지 해설방법 중 가장 강력한 효과가 있다는 것이라는 것을 알고 있다. 해설가는 방문자를 그 자리에서 '읽을' 수 있고, 방문자의 유형에 따라 프로그램을 수정할 수 있다. 해설가는 방문자의 눈을 들여다보며 그들의 상상과 감정을 읽어낼 수 있다. 해설가는 지루한 주제를 방문자에게 흥미롭게 바꿀 수 있다. 하지만 성공적인 현장 해설을 만들려면 미리 생각하고 계획해야 한다. 성공적인 현장 해설 프로그램은 해설가가 성공의 의미를 파악했을 때 만들어진다. 성공적인 해설가는 방문자가 어떻게 정보를 학습하고 기억하는지를 이해하고, 줄거리의 자극주기, 관련짓기, 나타내기를 알아야 한다. 성공적인 해설가는 핵심 주제와 달성하려고 노력하는 목표가 있다. 성공적인 해설가는 항상 자신의 프로그램을 개선하기 위해, 그리고 방문자에게 영감을 줄 수 있는 새로운 방법을 찾기 위해 끊임없이 노력한다. 해설가는 자기 일로부터 깊은 만족감, 자긍심 등 말로 표현할 수 없는 보상을 받는다. 방문자가 해설가의 노력으로부터 받는 보상도 똑같이 강렬하다. 잘 훈련되고, 집중력 있고, 영감을 주는 해설가가 영감에 굶주리고, 무언가 특별한 일이 벌어지기를 바라는 방문자를 만난다면 그들은 접점을 찾은 것이고 그들의 멋진 여행은 시작될 것이다.

숲 해설 투어 안내기획법

생각해보기

시나리오 쓰기의 '2-3-1 원칙'

해설 시나리오의 구성은 해설 전 집결하는 단계에서부터 해설을 시작하여 도입, 전개, 마무리로 이어진다. 각 단계와 단계별 목표는 <표 3>과 같다.

<표 3> 해설 시나리오의 구성

해설 전: 집결	·참여자와 인사 나누기 ·참여자들의 현재 위치 확인 ·해설에 걸릴 시간 안내 ·체력적 소모량 안내 ·날씨에 따른 복장 확인(신발, 겉옷 등) ·안전사항 안내, 관계 확립 및 시작시간까지 기다리기
해설 중: 도입	·주제에 대한 관심 일으키기, 참여자들에게 호기심 일으키기 ·참가자들을 주제에 적응시키기, 해설이 어떻게 체계화되어 진행되는지 이야기하기 　(매직넘버 4[2])에 맞추어 작성하기) ·이야기로서 개념적 틀 수립하기, 걸으면서 다음에 나올 해설 내용에 대해 힌트 　주기 ·마무리 단계 준비하기 ·해설에 걸리는 시간, 걷는 거리, 체력적 소모량, 복장 상태 재확인
전개	·흥미를 위해 적절한 장소와 물체를 참여자들에게 보여주며 주제 전개하기 ·정보를 흥미롭고, 의미 있게, 참여자들과 연관성 있게 만들기 ·사실, 개념, 비유, 사례, 대조[3] 등으로 해설 체계화
마무리	·주제 보강하기 ·마지막에 도입에서 설명한 주제와 전개 부분에서 설명했던 정보 간의 관련성 　보여주기 ·앞서 설명한 마무리 전체를 핵심만 요약하기 ·주제의 전체적 의미에 대한 견해 제시(큰 그림은 무엇인지, 앞으로 우리는 어떻게 　해야 하는지 등)

---

2) '생각해보기 – 신기한 매직넘버 4'(「숲 해설 기초」 p.77) 참조.

3) '생각해보기 - 정보를 의미 있게 만들어주는 기법'(p.120) 참조.

* 2-3-1 원칙[4][5]

도입, 전개, 마무리의 각기 다른 목적에 대해 명확히 이해하고 있다면 주제를 담은 해설을 계획하고 준비하기가 수월하다. 우선 이야기하고 싶은 화제의 일반적 견해로 시작해서 도입-전개-마무리 세 부분의 이야기 흐름을 어떻게 진행할지 커뮤니케이션 기법 지식을 활용할 수 있다. 이 과정은 '2-3-1 원칙'이라는 간단한 절차를 통해 순서대로 만들 수 있다. 2-3-1은 도입을 1번, 전개를 2번, 마무리를 3번이라고 할 때 전개→마무리→도입 순으로 작성하는 것을 의미한다.

2-3-1 원칙은 보통 다음의 10단계를 이용한다.

1. 일반적인 화제를 고른다.
   - 참여자들이 관심을 가질 만한 화제를 고른다. 또한 해설가도 관심이 있고 어느 정도 알고 있는 화제로 고른다.
2. 필요시 특정 화제를 더 고른다.
   - 해설 시 시간 조절에 유리하면서 평소 관심을 가지고 있었던 특징들을 선택한다.
3. 해설의 화제를 기반으로 한 주제를 고른다.
   - 참여자들에게 이해시키고 싶은 또는 참여자들이 듣고 나면 만족할 만한 중요 견해를 담아 주제를 만든다. 주제는 해설에 대하여 "그래서 뭐?"라는 질문에 해답을 줄 수 있다.
4. 주제를 첫 문장으로 하는 짧은 단락으로 전체 이야기를 요약한다.
   - 해설의 시각과 끝을 어떻게 이야기할지 정한다. 주제를 뒷받침하며 정보에 집중할 수 있는 짧은 요약을 만든다. 즉, 해설에 무엇을 더 포함시킬지 또는 생략할지 명확히 할 수 있다. 주제를 단락의 앞에 배치함으로써 단락에 힘을 부여하고 나머지를 주제에서 벗어나지 않게 쓴다.

---

4) Sam H. Ham(1992), Environmental Interpretation: A Practical Guide for People with Big Ideas and Small Budgets, Fulcrum Publishing, pp.56-60.

5) 송형섭, 김성일(2001), 환경해설의 이론과 실무, 충남대학교출판부, pp.17-18.

<5, 6, 7, 8번 '2-3-1 원칙' 적용>

5. 전개의 개요를 만든다.
   - '2-3-1 원칙'에 따라 전개의 윤곽을 먼저 만든다. 4개 이하의 주요 아이디어를 목록으로 만들고 그를 뒷받침하는 생각, 개념, 정보들을 관심을 끌고 흥미를 일으키는 대화법으로 구성한다.
6. 마무리 부분을 만든다.
   - 전개의 윤곽과 함께 어떻게 이야기를 마무리 지을지 생각해야 한다. 마무리 단계의 목표는 주제를 보강하는 것을 기억해야 한다. 수립한 전개 부분의 순서에 따라 마무리를 개선해야 한다.
7. 도입 부분을 만든다.
   - 도입은 우리가 해설할 때 가장 먼저 말하는 부분이지만, 해설 시나리오 쓰기에서는 가장 마지막 단계이다. 도입은 참가자들의 흥미를 붙잡고 주제에 대해 알려주고 전개 부분이 어떻게 진행될지 말하는 것이 목표임을 기억해야 한다.
8. 각 부분들을 엮어서 정렬한다.
   - ① 전개의 개요 ② 결과 ③ 도입을 만든다. 이 조각들을 논리적 순서대로 섞고, 도입과 마무리를 재배치한다. 잘 연결하면 미처 준비하지 못한 흐름을 계획할 수 있고 개요의 요점을 명확하게 결정하여 전개를 더 세부적으로 개선한다.
9. 시나리오를 연습한다.
   - 시나리오가 준비되면 말할 때 국어책을 읽는 듯한 말투가 되지 않도록 자연스러운 어투로 연습한다. 연극배우들이 혼자 대본 연습을 할 때 거울을 보면서 연습하듯이, 해설가도 거울 앞에서 자신의 모습을 보며 연습하면 큰 도움이 된다.

제4장 현장해설을 위한 언어·집짐을 만들어라

10. 시나리오에 맞는 적절한 제목을 정한다.
  - 모든 시나리오가 제목이 필요한 건 아니지만 해설 전 참가자들을 모집할 시 관심을 끄는 광고 효과를 낼 수 있다. 주제를 담으면서도 짧고 강력하게 만든다.[6]

위의 10단계를 거치면 시각 자료를 추가할 수 있다. 예를 들어 사진을 출력하여 클리어파일에 모아 사진첩으로 만들 수 있고, 또는 태블릿 PC로 활용 가능하다. 이는 현장에서 바로 찾기 힘들거나 계절에 맞지 않아 그 시점에서는 볼 수 없는 것들을 준비한다.

시나리오가 완성되고 준비물까지 갖추게 되면 시나리오 전체를 외우고자 하는 의욕이 생기게 된다. 그러나 10단계 중 9번에서 연습해 보았듯이, 글로 쓴 것을 말로 바꾸어 보면 어색하다는 것을 느끼게 된다. 그래서 거울을 보며 시나리오를 연습하는 단계가 꼭 필요하고 또 시나리오를 잘 외워 청산유수와 같이 술술 말할 수 있도록 해야 한다. 또 시나리오를 한마디 한마디씩 전체를 외우려고 하다보면 분명히 잊어버리게 되고 해설 때 더 듬거릴 것이 분명하다. 그러므로 다음과 같이 필요한 부분만 외워서 나머지 부분은 나중에 떠올릴 수 있도록 한다.

· 참가자들을 처음 만났을 때 친근감과 호기심을 일으킬 수 있는 인사법
· 전개의 개요
· 도입 부분의 첫 문장
· 도입 부분의 주제
· 전개 부분의 각 전환점
· 마무리 부분의 첫 문장
· 마무리 부분의 마지막 문장

---

6) '생각해보기 - 그래서 뭐? 주제 개발을 통한 해설 설계'(p.147) 참조.

환경해설의 이론과 실무
송형섭, 김성일 편저 | 충남대학교출판부 | 2001

안내자 방식의 해설 기법뿐만 아니라 간행물 제작 기법과 이론, 해설표지만 제작 기법과 이론까지 골고루 보여주고 있다. 해설학 개론 전반에 대한 내용을 요약적으로 함축하여 읽기 쉬우며, 다양한 삽화로 설명을 뒷받침하고 있어 쉽게 이해된다.

나무처럼 자라는 숲속 학교
YMCA 아기스포츠단 저 | 양서원 | 2007

휴양림 등의 환경에서 즐길 수 있는 어린이 자연활동 모음집이다. 숲 해설가 지도 없이도 가족끼리 적용할 수 있어 쉽고 재미있다.

Science Beyond The Classroom
Linda Froschauer 편저 | NSTA Press | 2008

과학 교과 과정 내 필수 이론들을 프로그램으로 구성하여 적용한 사례를 모은 책이다. 야외에서뿐만 아니라 실내에서도 활용할 수 있는 프로그램이 많다. 일회성 해설보다는 연속성 숲속 학교 프로그램으로 유용하다.

제5장

실습으로 알아보는
'유형과 무형'

/1/ 유형과 무형의 연결

다른 교육 요소로는 해설의 메시지를 개발하고 발표하는 데 있어 유형과 무형의 요소들을 활용해야 한다는 것이다.

(1) 유형과 무형의 연결

1) 유형부터 시작하라

우리는 오감으로 세상과 소통한다. '유형'이란 우리의 감각을 이용해서 직접 경험할 수 있는 것, 즉 사물, 장소, 미디어 등이다. 좋은 해설은 참여자가 유형물에 접근할 기회를 종종 제공해야 한다. 또한 사적인 교감을 통해 유형물을 탐험할 수 있도록 장려하는 등 다양한 감각을 사용하도록 한다. 참여자들은 생생한 묘사를 담은 시각적 유형물을 보고, 이를 다시 귀로 들음으로 얻어지는 감각적인 경험에 매료될 수밖에 없다.

우리 인간은 마음의 눈으로 사물을 '보는' 것에 매우 능숙하다. 우리는 어떤 사물에 대한 지식과 그것의 감각적인 인상을 통합적으로 이해하려는 경향이 있다. 따라서 진정한 무형적 경험을 하려면 절대적으로 오감에 초점을 맞추는 것이 좋다. (걱정하지 말라. 지식에 관해서도 곧 애기할 것이다)

유형적 특성을 탐구하는 능력을 기르기 위해서는 음식(오렌지, 쿠키), 병·상자, 나뭇조각, 돌 등과 같은 단순한 사물로부터 연습을 시작하는 것이 좋다. 이런 아이템들에 관한 가능한 한 많은 감각적 묘사를 적어본다.

2) 이제 무형적 요소를 추가하라

무형적 요소라 함은 개념, 구조, 과거 경험, 이론, 축적된 지식 등이다. 정리하면 무형은 우리가 어떤 자원에 대해 알거나 느끼는 것을 말한다. 이제 인류의 축복인 지성과 감성을 경험에 추가하면 된다. 인간은 무형적 특성을 고려함으로써 이 세상과 더욱더 풍부하고 복잡하게 얽혀 있다. 단순한 사물이라도 다양한 의미를 지닐 수 있고, 상징적일 수도 있고, 더 큰 구조를 지니고 있을 수 있다.

감각적 묘사를 적었던 사물로 돌아가서 그 사물과 연관된 무형적 특성을 적어 새로운 목록을 만들어보라. 이 무형적 특성의 목록은 종종 유형적 특성의 목록보다 네다섯 배 정도 길고, 사물에 대한 참뜻과 여러 차원의 의미를 나타내기 시작한다. 해당 사물과 연관된 여러분의 감정을 식별하는 데 많은 노력을 기울이라.

3) 보편성에 대하여

세상에는 거의 모든 인간이 경험하는 특별한 무형 요소들이 있다. 우리는 이를 '보편성'이라 칭하고 삶, 죽음, 사랑, 가족, 생존, 기쁨, 슬

품 등이 이에 포함된다. 청중이 우리의 해설을 의미 있고 연관 있게 받아들이게 하려면 자원(객체, 장소 등)을 해설할 때 언제든지 이런 보편성을 포함하면 된다.

여러분의 무형적 특성의 목록에서 이런 보편성에 해당하는 사항이 있으면 밑줄을 그어본다. 이제 여러분은 다수를 위한 해당 사물의 본질과 참뜻에 초점을 맞추고 있다. 또한 여러분은 보편성 다수가 감정적 요소(감정을 일깨우는 데 강력한 힘을 가지고 있는) 역시 지니고 있음을 알아챌 것이다. 우리가 해설하는 자원과 청중 간의 감정적 연관성을 가장 효과적으로 만들 수 있는 방법의 하나가 바로 이런 보편성을 이용하는 것이다.

우리가 연습(훈련)할 때 사용하는 간단한 예를 들어보고자 한다.
- 유형은 집이다.
- 무형은 '가정'이다.
이 둘의 차이점을 알겠는가?

(2) 유형적 및 무형적 요소 연결성 해설 적용

유형적 및 무형적 사례는 폭넓은 해설 프로그램·제품의 목표 또는 특정 결과 중심의 프로그램·제품의 목표를 개발하는 데 사용할 수 있다. 또한 테마 아이디어를 조직 또는 생성하는 데에 또는 테마에 초점을 맞춘 목표를 유지하는 데도 도움이 될 수 있다. 이 사례를 적용하기 전, 참가자는 해설 개발 교육 과정에서 제시한 정의와 철학에 기초를 두어야 함을 재확인한다.

1) 첫 번째 단계

해설 프로그램 혹은 제품이 되거나 사용되거나 간주되는 유형 혹은 물리적인 자연·문화적 자원을 식별하고 목록을 만들어라. 그것은 도보 혹은 여행경로 내에 존재하는 프로그램 또는 전시에 사용되는 공원 자원, AV 프로그램 주제 기준으로서 사용될 수 있는 자원의 목록, 또는 일반적으로 공원 이야기를 나타내는 자원 목록을 나타내는 소품일 수 있다.

2) 두 번째 단계

식별된 각 유형의 자원과 자원이 나타내는 무형 아이디어·의미·중요성 사이의 연계를 표와 그림으로 종이 혹은 플립 차트 위에 나타낸다.

\<유, 무형적 해설 요소 적용을 위한 자원 목록 만들기 연습>

<표 4>

인문: 문화·역사적 자원
사례: 동화사(건축물)
대구광역시 동구 도학동 35 / 대구광역시 동구 동화사길 1

유형적 특성							무형적 특성
구조	사용 여부	시대	규모	세부 구조	재료	묘사	가치/ 의미
건물	대웅전	통일신라		지붕	기와 나무	옆면에서 볼 때 여덟 팔(八)자 모양을 한 팔작지붕	대웅전은 보물 제1563호
	(o)			지붕 가구	나무	지붕 처마를 받치기 위해 장식하여 만든 공포는 기둥 위와 기둥	

							사이에도 있는 다포양식	
					문	나무	문짝은 여러 가지 색으로 새긴 꽃잎을 장식해 놓은 소슬꽃살창을 달았다. 또한 기둥은 다듬지 않은 나무를 그대로 사용해서 건물의 안정감과 자연미를 나타내고 있음	
조각	마애불좌상	○	통일신라	높이 1.06미터, 대좌 높이 39센티미터, 광배 높이 1.5미터	불상, 광배, 대좌, 법의	화강암	화강암 벽에 부조로 조각된 불상으로 지상에서 높은 곳에 위치하여 구름을 타고 하늘에서 내려오는 듯한 사실적인 모습을 띠고 있음. 얼굴은 부피감을 지니나 매우 평면적이며 짧은 목에는 3개의 주름이 있으며 어깨는 반듯하나 신체적 생동감은 8세기경의 불상보다 떨어진다. 손모양은 항마촉지인이고 양 어깨를 감싸고 있는 옷은 규칙적으로 얇게 빚은 평행의 옷 주름선이 간결하게 나타난다. 광배는 끝이 날카로운 배모양이며 2줄의 선으로 표현되었고 주변 가장자리는 타오르는 불꽃무늬를 그대로 이용하여 사실감을 살리고 있다. 대좌의 상면에는 복련이	통견인 법의와 U자형으로 개방된 가슴 사이로 나타나는 군의(裙衣)의 띠 매듭 그리고 평형으로 밀집한 옷자락 무늬인 주름 등은 통일신라 후기(9세기경) 불상의 특징을 잘 보여주고 있다. 보물 243호

| 구조물
(폐쇄
적인
건물이
아닌) | 당
간
지
주 | x | 통
일
신
라 | | | 하면에는 앙련이 맞붙어 이중의 연꽃이 불상을 감싸듯 표현되고 있어 시각적 효과를 더하고 있음 | |
| | | | | | | 높이 3.1m, 변의 길이 76cm와 34cm, 66cm의 간격을 두고 동서로 마주 서 있는데, 서로 마주보는 안쪽면에는 조각이 없으나 바깥쪽은 양쪽 주연(周緣)의 모서리를 죽이고 중심에 세로로 능선(稜線)을 조각하였으며, 양 지주의 중간쯤 되는 곳에는 내면을 제외한 3면에 1m쯤 되는 길이가 전면적으로 음각되어 있다. 당간을 고정시키는 간(杆)은 상부에는 내면 상단에 길이 19cm, 너비 15cm, 깊이 22cm의 직사각형 간구(杆溝)를 마련하였고, 하부에는 현재의 하단 가까이에 원공(圓孔)을 만들어 끼우도록 장치하였음 | 보물
제254호 |

〈표 5〉자연: 식물 무궁화(속씨식물) 무궁화(학명: Hibiscus syriac)

유형적 특성					무형적 특성
유형	분류	개화 시기	구조	성장 및 번식	가치와 의미
식물	아욱과	7~10월	꽃의 밑에 꽃대가 있어 그 위에 꽃받침이 있고 5개의 꽃잎이 있다. 꽃잎 위에 씨방이 있고 씨방에서부터 암술이 곧게 위로 뻗쳐 암술머리가 5개 있다. 암술대 주위로 수술이 돋아나는데, 암술대 주위로는 20~40개의 수술이 생겨 암술대를 싸고 있다. 이러한 것은 홑꽃의 기본형으로 암술대 주위의 수술이 꽃잎으로 변하여 반 겹꽃·겹꽃으로 분화가 일어남	씨를 뿌려서 2년쯤 가꾼 다음 목적하는 품종의 눈접 [芽接]을 하면 단시일에 대량번식 생산을 할 수 있다. 씨 뿌림은 가을에 씨앗을 받아서 저장하였다가 이듬해 봄에 뿌린다. 비배관리는 일반 정원수와 같이하면 된다. 가지가 몹시 많이 나오므로 가지를 쳐주고, 봄에는 새 가지를 적당히 발생시켜서 좋은 꽃을 보도록 한다. 광선·온도·습도를 적절히 맞추어 주면 온실이나 실내에서 연중 계속해서 꽃을 피울 수 있음	20세기의 문명이 조선에 들어옴에 유지들은 민족사상의 고취와 국민정신의 통일진작에 노력하여, 붓과 말로 천자만홍의 모든 꽃은 화무십일홍(花無十日紅)이로되 무궁화는 여름과 가을에 걸쳐 3, 4개월을 연속해 핀다고 하여, 그 고결함과 위인적 자용(偉人的姿容)을 찬미하였다. 따라서 무궁화강산 운운은 자존된 조선의 별칭이라는 기록이 있어, 우리 민족과 무궁화의 관계를 잘 나타내고 있음

〈표 6〉 자연자원: 동물(조류) 노랑부리저어새

유형적 특성					무형적 특성
유형	분류	활동시기	구조 특성	활동 특성 및 발견 가능 장소	가치/의미
동물 (조류)	사다 새목 저어 새과	10월 초 도래를 시작하여 11월 중순에 정점을 이루며, 3월 초부터 번식지로의 이동을 시작하여 4월 말경 이동을 모두 마침	몸길이 약 86cm이다. 온몸이 순백색이며, 여름깃은 뒷머리에 노란색 장식깃이 있으며 목 아랫부분에 적갈색 테두리가 있다. 하지만 겨울에는 이 테두리와 장식깃이 없어진다. 부리는 검은색으로 끝부분만 노란색이고 다리는 검은색이다. 수컷은 겨울깃이 흰색이다. 암컷이 수컷보다 약간 작고 뒷목의 장식깃도 없다. 우리 선조들은 저어새를 '가리새'로 불렀는데 가리새의 '가리'는 땅을 간다는 뜻으로 아마도 노랑부리저어새의 부리가 넓적하여 땅을 가는 쟁기 모양과 비슷하기 때문에 붙여진 이름으로 보임	노랑부리저어새는 진흙, 점토 또는 모래기질을 포함한 습지대의 넓고도 물이 얕은 곳을 선호한다. 비번식기에는 단독으로 또는 작은 무리를 지어 먹이활동을 한다. 대부분 아침과 저녁 동안에 먹이활동을 하고 근해에서는 낮 동안 조간대에서 먹이활동을 한다. 먹이활동 지역에서 15km 떨어진 곳에서 휴식을 취한다. 한 배에 3~5개의 알을 낳는다. 물고기·개구리·올챙이·조개류·연체동물·곤충 따위의 동물성 먹이와 습지식물 및 그 열매를 먹음	2005년 IUCN (국제자연보존연맹) 저어새 조사에서 전 세계적으로 1,475마리만 서식하는 것으로 관찰되어 희귀한 새로 증명되었다. 한국에서는 1968년 5월 30일 천연기념물 제205호로 지정되었고, 2012년 5월 31일 멸종위기야생동식물 2급으로 지정되어 보호받고 있음

해설 프로그램 혹은 제품의 유형, 무형의 연계를 분석하여 프레젠테이션 코스에서 발생하는 진행 혹은 다른 유형의 해설의 순서를 그리고 계획하기 위하여 그래프를 사용할 수 있다. 더 높은 수준의 의미와 개

념, 중요성을 향한 진행 혹은 사고의 방향은 있는가? 그래프의 레벨이 수평축 부근을 유지하는 그래프 선을 만들어내면서 유형물과 사실과 연대기에 강하게 초점 맞추고 있는가?(A)

또한 유형·정보 구조를 뒷받침하는 잠재된 특질이 그래프 선에서 종축에서 어떤 내용으로, 어느 정도의 양으로 나타나는가?(B)

여러 가지 해설 제품·프로그램을 도표화하는 연습을 시도해야 한다. 프로젝트 해설의 방향(지침)에 대한 하나 이상의 가능한 과정을 세심히 준비하기 위해, 새로운 제품의 개발을 시작하는 다음 기회에는 그래프를 사용하도록 하자.

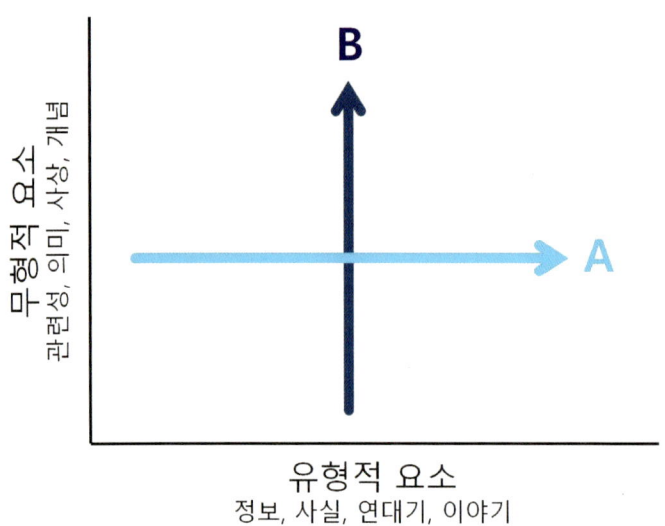

〈그림 27〉 해설을 위한 유형 대 무형 그래프

3) 세 번째 단계

많은 청중이 식별이 가능한 보편적인 개념인 무형성을 인식하고 차별화하도록 함으로써 좀 더 심화적인 연계활동을 수행하라. 이들은 때때로 "그래서 뭐?"라고도 해석된다. 감동받기 어렵고 자원에 대한 관심, 인지로의 이동이 쉽지 않은 방문자의 상황을 돕기 위해 자원 내부의 의미와 가치를 해설을 통해 재연할 수도 있다. 목록상 유형의 자원 각각에 대해 "그래서 뭐"라고 질문한다. 나에게 무슨 의미가 있는가? 왜 내가 관심 가져야 하는가? 감동받기 어려운 방문객마저도 인지적 및 감정적으로 관련지을 수 있는 중요성을 간과하지 않는 의미나 보편적인 개념을 찾을 때까지, 가능성을 소진하거나 현실적으로 또는 논리적으로 더 이상 "그래서 뭐?"를 요청할 수 없을 때까지 "그래서 뭐?"라는 질문을 계속해서 할 수 있다.

4) 네 번째 단계

- 당신이 생성한 "그래서 뭐" 링크 목록에서 확인된 최고 수준의 의미를 반영하는 프로그램 혹은 제품 목표를 작성한다. 그 목표는 요구된 해설 결과를 확인하여야 한다. 확인된 의미·결과의 관련성 및 주제별로 묶을 수 있는 잠재력에 근거하여 프로그램·프로젝트에 사용할 목적을 선택한다.
- 어떤 주제에 대한 정보가 이 연습으로부터 생성된 연결성으로부터 나올까?

/2/ 유형적 및 무형적 요소
연결성 해설 적용

(1) 사례 1: 경주 남산 삼릉코스 삼릉 해설하기

1) 첫 번째 단계 – 삼릉이 어디에 위치하고 있으며 접근성은 어떠한가를 탐색하고 삼릉 해설 프로그램 혹은 제품에서 사용되거나 간주되는 유형 혹은 물리적인 자연·문화적 자원을 식별하고 목록을 만들어라.

목록의 주 대상은 도보 혹은 여행경로 내에 존재하는 프로그램 또는 전시에 사용되는 삼릉과 그 구성 요소 및 주변 경관이다.

조사내용: 삼릉의 삼릉은 사적 219호로 남산의 송림 속에 있으며 이곳에는 신라 8대 아달라왕(154~184), 제53대 신덕왕(912~917), 제54대 경명왕(917~924)의 세 무덤이 한곳에 모여 있어 삼릉(三陵)이라 부른다. 능의 형식은 규모가 큰 원형 토분이며, 표식은 하나도 없

〈그림 28〉 경주 남산 삼릉

고 상석이 하나 있으나 최근에 설치한 것이다. 2차례에 조사되어 내부
구조가 밝혀졌다.

2) 두 번째 단계 - 삼릉 구성요소 도표화

첫 번째 단계에서 만들어진 자원 목록을 참고하여 유, 무형 요소를
그래프에 옮긴다.

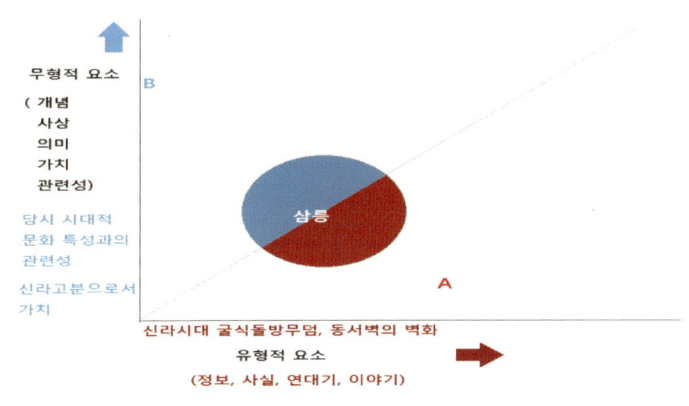

〈그림 29〉 삼릉의 유형 대 무형 그래프

3) 세 번째 단계 – 삼릉의 의미와 가치에 대해 규명

희미하고 선명하지 않은 신라시대 벽화가 과연 무슨 의미와 가치를 가질까? 그래서 뭐? 우리 삶과 어떤 관련이 있는가?

모든 벽화는 인간의 상호 소통의 특성을 보여주고, 그 시대의 생활상을 투영하는 기표(혹은 기호)로서의 가치를 지닌다. 그러므로 벽화가 나타내는 색의 농담, 재료, 질감 등의 유형적 특징은 그 자체로서 기의를 내포하고 있는 것이다.

4) 네 번째 단계 - 가치와 의미의 심화 단계

남산의 삼릉을 방문한 참여자는 삼릉 내부의 벽화를 관찰하고 그 벽화가 지니는 상징적 가치와 의미를 수용한다. 현재 우리의 삶에서 찾아볼 수 있는 많은 벽화들에서도 같은 의미를 찾아볼 수 있다. 즉, 어떤 로고는 무엇을 상징하는가, 그림으로 약속한 정황은 없는가 등의 질문은 벽화의 기호적 가치를 잘 보여주고 있다. 나아가 발전하는 소통의 채널들 간 유사성을 생각할 수 있고 향후 미래에 소통성을 가질 '벽화'의 양상과 특징에 대해 생각할 수 있다.

(2) 사례 2: 국립수목원 깽깽이풀

1) 첫 번째 단계 – 유, 무형의 목록 만들기

제주도를 제외한 전국의 산 중턱 아래에 드물게 자라는 여러해살이 풀로서 높이 20cm쯤이다. 뿌리가 노란색이어서 황련·조선황련이라고도 한다. 중국 동북부에도 분포한다. 잎은 뿌리에서 여러 장이 나며, 잎자루가 길다. 잎몸은 둥근 모양, 밑은 심장 모양, 끝은 오목하고, 가장자리는 물결 모양이다. 꽃은 4월에 잎보다 먼저 뿌리에서 난 긴 꽃

자루 끝에 1개씩 달리며 붉은 보라색 또
는 드물게 흰색을 띤다. 꽃받침 잎은 4장,
피침형, 일찍 떨어진다. 꽃잎은 6~8장이
며 난형이다. 열매는 삭과다. 지하경은 약
으로 쓰인다.

영국의 분류학자인 벤탐(Bentham)과 훅커
(Hooker)는 동아시아에 분포하는 깽깽이풀의
꽃이 암술과 수술이 한 꽃에 달리는 양성화임
을 알았다. 그들은 깽깽이풀이 북아메리카

〈그림 30〉 깽깽이풀

동부 지역에 분포하는 Jeffersonia diphyllae와 유사하다고 여기고 이들 두
분류군을 동일한 속으로 분류하였다.

2) 두 번째 단계

첫 번째 단계에서 만들어진 목록을 참고하여 깽깽이풀의 구성요소
를 도표화한다.

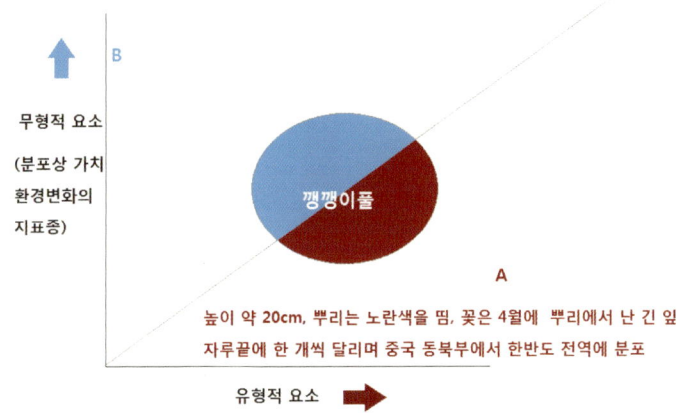

〈그림 31〉 깽깽이풀의 유형 대 무형 그래프

3) 세 번째 단계

한국의 산천에 분포하는 깽깽이풀은 무슨 의미와 가치가 있을까?

깽깽이풀은 꽃이 예쁘고 약재로 이용하기 위하여 남획이 극심하여 자생지에서의 소멸이 빠르게 일어나고 있다. 산림청 선정 희귀 및 멸종위기 식물(1997), 환경부 특정식물종 5등급에 해당한다. 뿌리가 노란색이어서 황련(黃蓮)·조선황련이라고도 한다. 한편 깽깽이풀의 아름다움에 반한 이들이 글의 소재로 삼기도 하였다.

깽깽이풀의 시계열적 성장 상황과 우리 산천의 환경적 변화와는 무슨 관련이 있을까?

그것은 곧 우리에게 어떤 의미로 다가오는가? 개발이 주는 환경 변화로 생물이 겪는 스트레스로 어떤 것들이 있을까? 이런 질문들은 한 산야초를 통해 공생의 가치로 나아가는 확대되고 통합적인 시각을 지니도록 한다.

4) 네 번째 단계

깽깽이풀의 외양과 기타 유형적 요소를 관찰하고 감상하면서 참가자는 깽깽이풀이 지니는 상징적 가치와 의미를 수용하고 현재 우리가 야생초와 어떻게 공존하는 것이 옳은가에 대해 대안을 추구하고 실천하려는 의지를 가진다.

(3) 사례 3: 우리 동네 추억의 감나무

빈 용지를 꺼내십시오. 이제 여러분의 미술적 재능을 최대한 발휘하여 여러분이 가장 좋아하는 나무를 그리세요.

〈그림 32〉 우리 동네 추억의 감나무 이미지

1) 본 감나무는 어디에 위치하고 있으며 접근성은 어떠한가를 탐색하고 해설 프로그램 혹은 제품에서 사용되거나 간주되는 유형 혹은 물리적인 자연·문화적 특징을 식별하고 목록을 만들어 봅니다. (이 감나무의 유형적 요소와 무형적 요소를 생각해 기입해 봅니다. 감나무에 얽힌 설화나 일화, 추억 등도 무형적 요소가 됩니다)

유형적 특성					무형적 특성
유형	분류	개화 시기	구조	성장 및 번식	가치와 의미
식물					

2) 아래 도표에 유형과 무형의 요소를 기입해봅니다.

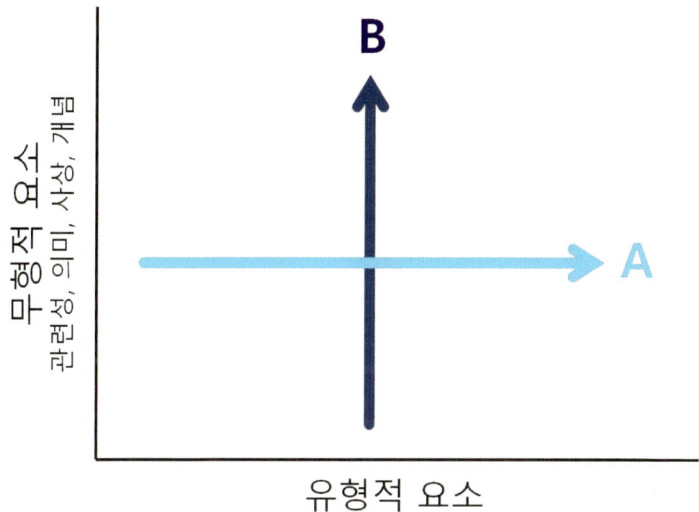

B

무형적 요소
관련성, 의미, 사상, 개념

A

유형적 요소
정보, 사실, 연대기, 이야기

〈그림 33〉 우리 동네 추억의 감나무의 유형 대 무형 그래프

3) 세 번째 단계

기억 속의 감나무는 무슨 의미와 가치가 있을까?

4) 네 번째 단계

우리가 감나무와 어떻게 공존하는 것이 옳은가에 대해 대안을 추구하고 실천하려는 의지를 가진다.

생각해보기

정보를 의미 있게 만들어주는 기법

다음은 정보를 더욱 의미 있게 만들어주는 기법들이다.[7]

* 익숙한 정보와 낯선 정보를 연결하는 몇 가지 방법

① 예시법: 즉각적으로 말하거나 말하고자 하는 물체나 인물을 설명하고 자 할 때
"이 부메랑은 호주 원주민의 독창성을 보여주는 좋은 *예입니다.*"
"겨우살이는 다른 식물에 얹혀사는 기생식물의 좋은 *예입니다.*"

② 비유법: 말하고자 하는 것을 참가자들에게 매우 익숙한 다른 것과의 유사점들을 찾아 보여준다.
"화산이 어떻게 폭발하는지 이해하려면, 뒤흔든 샴페인 병이나 뚜껑이 닫힌 채로 펄펄 끓는 냄비를 생각해보면 됩니다."

③ 대조법: 말하고자 하는 것의 주요 유사점이나 차이점을 비교한다.
"여기 매우 비슷하게 생긴 소나무 두 그루가 있습니다. 둘 다 한 묶음 에 세 개씩 잎이 나고, 비슷한 생육환경에서 자랍니다. 하지만 수피의 냄새를 맡아보면, 하나는 바닐라향이 나고, 하나는 송유향이 나는 것을 알 수 있습니다."

④ 직유법: 두 물체의 특성을 '~같은', '~로서'라고 말하며 비교한다.
"이 나무는 가지의 마디마다 표창 *같은* 가시가 돋아나 있습니다."
"이 단계에서 반 고흐의 인생은, 사후에 알려진 아름다운 그림의 창작 자보다는 정신이상자*로서* 더 언급된 것 같습니다."

⑤ 은유법: 평소 설명할 때 쓰는 단어나 관용어구로 묘사한다.
"카누는 눈 *깜짝할 새* 물살을 헤치며 나아갑니다."
"척 베리의 천재적인 작품들은 락앤롤 음악에 진흥을 가져다준 *청사진*
입니다."
"꿀벌들이 *껌뻑 죽는* 이 꽃이 핀 모습은 마치 *상다리가 휘어지게* 차려 놓은 듯합니다."

---

7) Some techniques for making information more meaningful. (Sam. H. Ham(2013), Interpretation: Making a Difference on Purpose, Fulcrum Publishing, p.32).

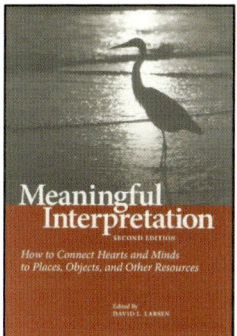

Meaningful Interpretation: How to Connect Hearts and Minds to Places, Pbjects, and Other Resources

David L. Larsen 저 | Eastern national | 2011

참가자들의 마음을 움직이고 오래 기억할 수 있는 해설을 만드는 방법에 대해 설명하고 있다. 중급 이상의 해설 기법에 해당한다.

자연 관찰 일기(Keeping a Nature Journal)

클레어 워커 레슬리, 찰스 E. 로스 공저 | 박현주 역 | 검둥소 | 2008

얼핏 보기엔 초등학생용 그림일기 같지만, 자연을 관찰하는 시각과 기록 방법을 알려주어 해설가들이 꼭 숙지해야 할 기술이다. 최근에는 디지털카메라, 스마트폰의 발달로 사진 자료를 수집하는 경우가 대부분이나 대상의 특징을 관찰하여 기록하는 습관은 사진을 따라갈 수 없다.

정원문화 오디세이: 미국의 녹색 봉사문화와 커뮤니티 가든

김태진 저 | 넥서스환경디자인연구원출판부 | 2013

최근 우리나라에도 개인 정원 가꾸기에 대한 관심이 높아지고 있어 '가드닝'에 대한 관심도 증가하고 있다. 그러나 아직까지 많은 사람들이 이에 대해 정확히 인식하지 못하고 있는 것도 사실이다. 이 책은 미국의 사례를 들어 '가드닝'에 대한 개념을 정확히 알려주고 있다.

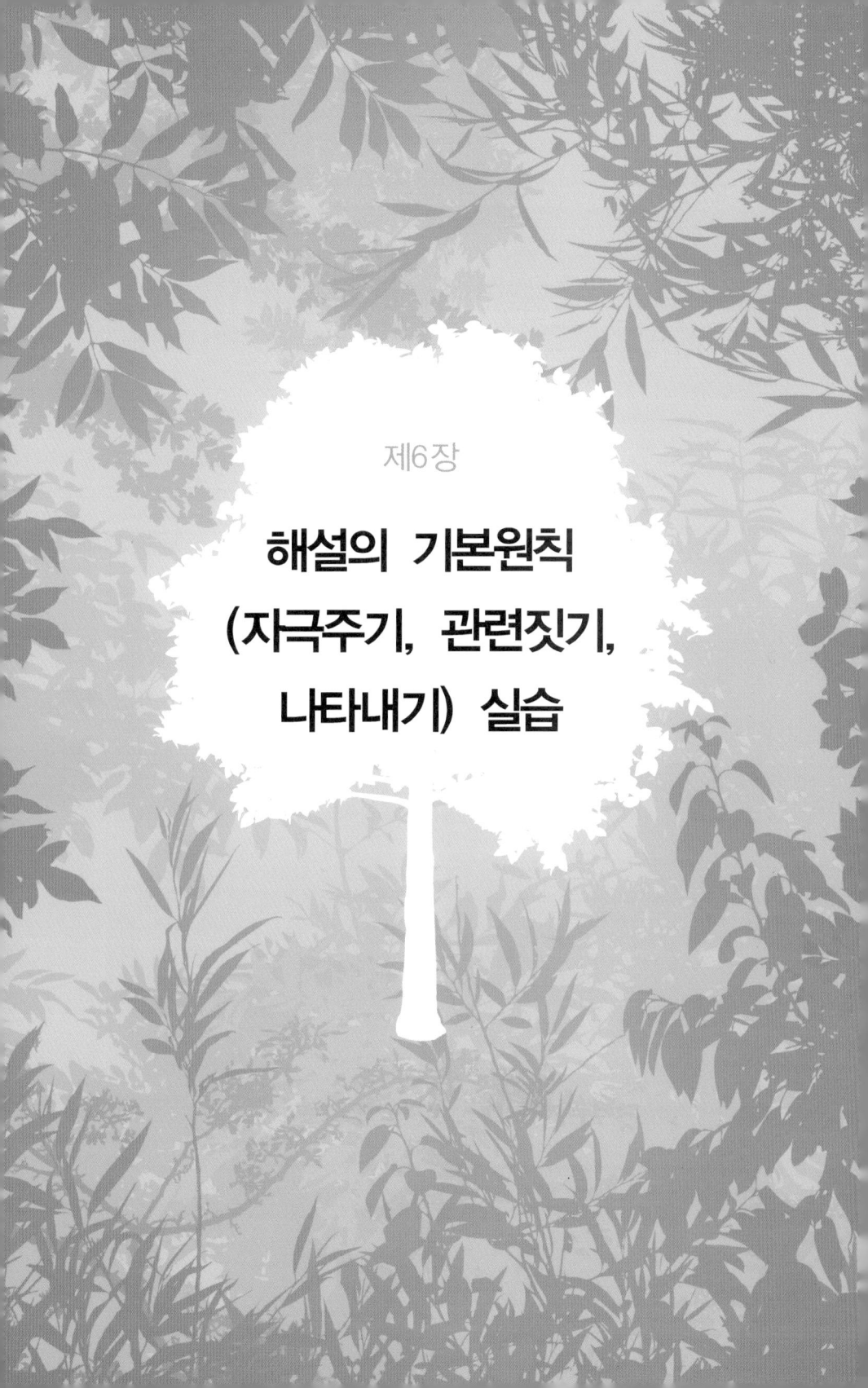

제6장

해설의 기본원칙
(자극주기, 관련짓기,
나타내기) 실습

/1/ 해설의 기본원칙 재확인하기

　　지금까지 여러분은 해설을 '실행하는' 몇 가지 예를 살펴보았다. 이 단계들을 한 번 더 설명하자면 다음과 같다.

　　첫째, 청중의 참여를 유발하는 문장으로 해설을 시작하라.

　　둘째, '청중'의 관점에서 여러분 해설의 개념과 메시지를 이해하는 데 도움이 되는 비유, 은유 등을 사용하여 청중과 연관성 있게 만들어라.

　　셋째, 독특하거나 놀라운 관점의 답을 노출하라. 답이 무엇인지 추측할 수 있는가?

　　이제 실습을 해보자! 여러분은 어떤 사물에 대해 1~2분 정도의 해설을 할 것이다.

　　① 여러분 책상 주위를 둘러보고 '해설'하고자 하는 사물 하나를 선정하세요. 휴대폰, 물이 담긴 컵, 종이, 사탕 등 아무거나 여러분이 해설하고 싶은 것을 고르면 됩니다.

어떤 사물을 선정하셨나요?

_____

② 여러분은 이제 해설할 사물을 선정했습니다. 좋습니다. 다음 단계로 넘어갈 준비가 됐습니까? 어떤 식으로든 참여를 유발할 만한 머리말을 만드세요. 예를 들면 나는 인류 최초의 컴퓨터를 손에 들고 있습니다. (연필) 또는 제가 들고 있는 이것이 우리 생명을 구할 수 있다는 것을 아십니까? (휴대폰) 여러분은 우리가 여러분이 선정한 사물이 무엇인지 추측할 수 있도록 계속해서 그것을 숨기고 있어야 합니다.

여러분의 '도발적' 머리말을 적어보세요.

_____

_____

_____

_____

③ 이제 여러분은 이 메시지를 어떻게 우리와 연관성 있게 만들겠습니까? (우리는 이 정보를 왜 알아야 합니까?) 비유법을 사용해보시겠습니까? (_____만큼 큰) 다른 방법으로 연관성을 만드시겠습니까? (음식, 성별, 가족 등)

우리에게 여러분의 메시지를 더 잘 이해시키기 위해, 해당 메시지를 우리와 연관성 있게 만드는 방법에는 무엇이 있을까요?

_____

_____

_____

_____

나타내기 - 재밌는 단계로 이 단계에서 여러분은 우리에게 답을 말해 줄 수 있습니다. (이 식물이 어떻게 우리의 생명을 구해줄 수 있는지, 혹은 이 연필이 왜 인류의 첫 번째 컴퓨터인지 등)

내 답을 나타내는 문장은:

_____

_____

_____

핵심 주제를 다루어라 - 여러분이 설명하는 해설의 핵심 주제는 무엇인가? 핵심 주제를 요약해주는 것을 잊지 말아야 한다.

메시지의 통일성을 위해 노력하라. 여러분의 시각·청각 자료와 선택한 단어들이 한데 어우러져 핵심 주제를 설명하는 데 도움이 되고 있는가?

다음번에 신문을 읽을 때 '자극'이란 단어가 포함된 제목과 어떻게 이야기의 본질에 '관련'되고 '표현'되어 있는지를 찾아보기 바란다. 여태껏 설명한 원칙들은 광고의 기본이기도 하다. 여러분은 자극주기, 관련짓기, 나타내기의 원칙들을 텔레비전 광고에서도 찾아볼 수 있다. 해당 광고를 한번 찾아보라 - 그 광고를 보면 세 가지 원칙을 포함하고, 핵심 주제를 다루며, 메시지는 통일성이 있다는 것을 알게 될 것이다.

/2/ 자극주기

〈표 7〉 해설의 기본적인 방향

	'교사'로서의 해설가	'예능인'으로서의 해설가	'자극유발자'로서의 해설가
주요 목적	참여자들이 기정사실을 배우고 이해하도록 만들기	참여자들을 즐겁게 해주고 좋은 시간 제공하기	참여자들을 생각하게 만들고 개인 의미를 찾게 하기
성공 지표	· 정보들을 정확히 기억해내기 · 지식 인식	· 많은 즐거움 · 주의 집중과 청중을 매료하는 힘	· 많고 다양한 사고의 자극유발

* '교사'로서의 해설 방향

어떠한 현상, 장소, 물체를 둘러싸고 있는 사실에 대해 알림으로써 참여자들에게 지식을 남기고, 차후 이 사실을 기억해낼 수 있도록 하는 것이다.

참여자와의 만남에 있어서 그 주안점이 정보 전달일 때 그 해설은 강의식 특징을 가져야 한다. 강의식 해설의 성공은 해설 시 참여자들과 접촉하는 동안 전달된 사실들을 그들이 배우고 깨닫고 오래 기억하는 것이다.

〈그림 34〉 하와이 '그린웰 상점 체험박물관' 앞 해설 표지판

〈그림 35〉 호주 습지생태 해설

〈그림 36〉 하와이 '그린웰 민속 식물원' 식재종 해설

'교사'로서의 해설은 현재 숲 해설가들이 가장 쉬운 방법으로 가장 흔히 적용하고 있는 방식이다. 함께 산책하며 나무, 풀 등을 알려주며 참여자들이 몰랐던 정보를 제공하는 것이다. 그러나 이 방식은 자칫하면 <그림 34>의 해설 표지판과 다를 바 없는 해설이 된다. 해설가가 존재하는 이유와 해야 할 역할은 해설 표지판이 하는 일과 똑같은 것이 아니라, 정확한 정보 제공을 바탕으로 그 다음 단계의 목표를 이루기 위함이다.

* '자극유발자'로서의 해설 방향

참여자들에게 그들의 개인적 의미와 연관성들을 제공하여 새로운 생각과 발견을 주는 것이다.

이 해설은 참여자들이 스스로 생각하도록 자극하는 것을 목표로 하여 그들 스스로 의미와 연관성을 찾게 하는 것이다. 참여자들의 생활경험에 관심을 두고 연결시켜 참여자들에게 내재된 의미가 드러나도록 해설한다.

〈그림 37〉 스웨덴 튀레스타 국립공원의 바위

〈그림 38〉 스웨덴 어느 마을 묘지의 묘비

〈그림 39〉 스웨덴 구시가지를 촬영하는   〈그림 40〉 스웨덴 어느 초등학교
　　관광객의 모습　　　　　　　　　　　담장의 창살

<그림 37>은 스웨덴 튀레스타 국립공원 내에 있는 큰 바위의 모습이다. 누구나 쉽게 연상할 수 있듯이 사람 얼굴의 형상을 하고 있다. 원래는 오른쪽 눈 부분은 자국이 없었으나 해설을 듣고 난 어린이들이 자발적으로 오른쪽 눈을 그리기 시작했다고 한다. 또 필자가 산책을 하다가 마을 교회의 묘지에 가게 되었는데 뭉툭한 돌멩이에 아기 그림만 그려진 묘비를 보게 되었다(<그림 38>). 그림으로 보아 갓난아기의 묘임을 짐작할 수 있는데, 과연 그 부모가 돈이 없어서 이런 묘비를 만들었을까? 또 그 아기가 이름도, 출생·사망일도 없어서 묘비에 그림만 그려 넣었을까? 이 묘비 하나만으로도 태어나자마자 얼마 살지 못하고 간 갓난아기와 그를 안타까워하는 부모의 애틋한 마음이 전달된다.

<그림 39>는 스웨덴의 구시가지 감라스탄을 산책하던 중 발견한 관광객의 모습이다. 감라스탄의 골목은 역사적으로도, 건축학적으로도, 예술적으로도 유명한 장소이며 많은 관광객들이 꼭 들리는 곳이

다. 이 관광객은 어떤 자극유발에 의해 저렇게 길바닥에 배를 깔고 사진을 찍는지 생각해볼 만하다. <그림 40>도 같은 지역에 있는 한 초등학교의 담장 창살 모습이다. 담장 자체도 나지막해서 굳이 창과 창살이 무슨 소용인가 싶었지만, 알고 보니 저 창은 키가 작은 어린이들의 눈높이에 맞춘 높이에 설치되어 있고, 뾰족한 쇠창살 대신 곡선의 나뭇가지 모양을 하고 있다. 이 창은 창문을 바라보는 어린이들에게 어떤 자극체가 되었을까?

/3/ 관련짓기

즐거움을 제공하고 주목을 끄는 것이 주요 목표이다. 참여자들이 만족하고 가고 그곳에서 보낸 시간을 좋은 추억으로 남기도록 유도한다.

해설 시 참여자들의 주목을 끌고 즐거움을 주는 것이다. 단 TV의 교양 프로그램처럼 정확한 사실을 담고 있으면서도 참여자들을 지루하지 않게 유지시키는 방법으로 그들의 삶과 관련지을 수 있다.

〈그림 41〉 하와이 '그린웰 상점 체험박물관' 해설가들의 모습

<그림 41>은 하와이의 어느 체험 박물관 해설가들의 모습이다. 이 박물관은 옛 상점을 재연하여 하와이 개척시대의 문화를 알려주는 곳이었는데, 그 시절의 상점 주인으로 분장한 해설가들이 그 시절 물물교환 방식을 알려주고 참여자들에게 상품을 구입하게 만들어서 상품에 대한 설명을 참여자들의 일상생활과 연계하여 해설하고 있었다. 만약 상품진열대가 유리벽으로 막혀 있고 단순한 라벨만의 정보를 알려주고

〈그림 42〉 하와이 '코나커피 역사체험농장' 해설가의 모습

있었다면, 그리고 해설가들이 무뚝뚝한 표정으로 리플렛이나 나눠주며 해설을 했다면 과연 이 박물관은 '체험'박물관이 될 수 있었을까?

<그림 42>도 위와 비슷한 사례이다. 옛날 일본인 이민자가 하와이에 정착하여 커피 농장을 일구며 산 모습을 그대로 보존하여 '역사체험농장'으로써 해설을 진행하고 있었다. 특히 해설에 실감을 더하기 위해 일본인 이민자가 해설가가 되어 일본인의 문화와 이민 생활의 어려움 등을 해설하고 있었다. 이민을 염두에 두고 있거나 현재 이민자의 신분인 참여자라면 자신과의 삶과 관련된 체험 대상에 대해 몰입할 것이다.

/4/ 나타내기

<그림 43>의 경우는 스웨덴의 '린네 박물관'의 해설가이다. 그는 원래 프리랜서 기자였는데 주말에 가외수입을 얻기 위해 이 박물관에서 단순 가이드로 일을 하게 되었다고 한다. 처음에는 남녀노소 모두 자신에게 집중하지 않아 가이드 일이 무척 힘들었다고 한다. 그러다가 조금씩 '칼 폰 린네'에 대해 공부하기 시작했고 그의 인생에 푹 빠져들어 린네처럼 분장을 하고 그 시절의 복장을 갖추어 마치 자기 자신이 린네인 것처럼 해설하기 시작했다고 한다. 그 후 해설은 순조롭게 진행되었고 참여자들도 대부분 만족하였다고 한다. 대상의 의미를 전달하기 위한 방법으로, 자신이 해설할 대상과 상황에 대한 진정성 있는 재현은 매우 효과적이다.

〈그림 43〉 스웨덴 '린네 박물관'
해설가의 모습

Interpretive Master Planning. Volume one:
Strategies for the New Millenium
John Veverka 저 | MuseumEtc | 2011

이 책의 모체가 되는 저서이며 해설 컨설팅으로 다수의 경험을 가진 존 베버카 교수가 1994년 『Interpretive Master Planning』이라는 책을 발간하여 해설의 기본서 역할을 하였고 2011년에 개정증보판을 발간하였다.

Interpretive Master Planning. Volume Two:
Selected Essays Philosophy, Theory and
Practice
John Veverka 저 | MuseumsEtc | 2011

이 책의 모체가 되는 저서이며 해설 컨설팅으로 다수의 경험을 가진 존 베버카 교수가 1994년 『Interpretive Master Planning』 이라는 책을 발간하여 해설의 기본서 역할을 하였고 2011년에 개정증보판을 발간하였다.

The Interpretive Training Handbook:
Content, Strategies, Tips, Hanouts and
Practivcal Learning Experiences for Teaching
Interpretation to Others
John Veverka 저 | MuseumsEtc | 2011

이 책은 프리만 틸든의 해설이론과 철학, 그리고 원칙과 휴양학습이론 등을 바탕으로 해설트레이너가 알아야 할 내용들을 기술하고 있는 책으로 2011년 개정증보판을 발간하였다.

나는 매일 숲으로 출근한다
남효창 저 ┃ 청림출판 ┃ 2004

숲의 역사, 문화, 생태, 식물학 개론에 이르기까지 숲에 대한 전반을 이야기 형식으로 알기 쉽게 풀어놓았다. 또한 숲 해설과 놀이로 연계한 사례도 볼 수 있어 이론을 현장에 적용하기 어려워하는 초보 숲 해설가들에게 큰 도움이 된다.

제7장

해설 투어 프로그램
계획 워크시트

/1/ 해설교육 프로그램 계획과정

여러분은 지금까지 좋은 해설이란 무엇인가에 대해 배웠습니다. 이제 여태껏 여러분이 배운 것을 적용해서 좋은 해설을 '계획'할 기회가 왔습니다.

해설 주제

먼저 여러분의 자원에 대한 해설 프로그램을 생각해보시기 바랍니다. 해설 서비스 봉사 프로그램(Interpretive Services Outreach Program)의 목표 중의 하나를 사용하고, 운영 기술을 이용하여 운영 목표를 달성합니다. 프로그램의 주제를 개발합니다. 해설 주제는 완전한 문장이어야 한다는 것을 기억하십시오. 다음은 해설 주제문의 몇 가지 실례입니다.

- 습지를 보호해야 하는 세 가지 중요한 이유가 있다.
- 유물을 발굴하지 않는 것이 우리 역사 보존에 도움이 된다.

- 죽은 나무는 야생동물에게 이익이 된다.
- 우리 댐은 주민, 지역사회, 자연환경 그리고 여러분 모두에게 이익
  이 된다.

여러분의 자원을 설명하기 위한 해설 프로그램과 주제는 어떤 것입
니까?

여러분의 해설 주제 초안을 적어보세요.

_____

_____

_____

_____

주제를 적을 때 다음 사항을 유의하십시오.
- 짧고 완전한 문장을 만들 것
- 흥미로운 문장을 만들 것
- 프로그램의 핵심 결론이나 목표를 나타낼 것
- 프로그램 참여자가 습득했으면 하는 점이나 프로그램이 끝난 후
행동을 취해줬으면 하는 핵심 주제를 반영할 것

해설 목표

이제 해설 주제를 정했으니, 다음은 프로그램을 통해 이루고자 하는
목표를 개발할 차례입니다. 여러분이 기억할지는 모르겠지만 이전에
세 가지 목표에 대해서 설명했습니다. 바로 학습목표, 행동목표, 감성
목표입니다. 목표는 측정가능하다는 것을 기억하십시오. 몇 가지 관련
된 실례를 살펴보겠습니다.

본 프로그램을 마치면 참여자 대부분은 다음 사항을 배울 것입니다.

학습목표 - 쓰레기가 야생동물에게 해가 되는 세 가지 이유를 묘사
　　　　　할 수 있다.
행동목표 - 참가자는 해변이나 등산로의 쓰레기를 보면 주울 것이다.
　　　　　야영장, 해변 등을 포함한 어떤 곳에서라도 쓰레기를 버
　　　　　리지 않는다.
감성목표 - 쓰레기를 바로 치우는 것은 야생동물에게 도움을 주는
　　　　　것이라는 뿌듯함을 느낀다.
후손들을 위해 쓰레기 없는 환경이 중요하다고 느낀다.
후손들에게 긍정적 모범이 되는 자신에 대해 행복감을 느낀다.

해설 프로그램의 목표를 아래에 적으십시오.
학습목표:

_____

_____

_____

행동목표:

_____

_____

_____

감성목표:

_____

_____

해설 프로그램의 청중은 어떤 유형인가?

효과적인 자극주기, 관련짓기, 나타내기를 개발하려면 여러분의 해설을 들으러 오는 참여자의 유형에 대한 정보가 있어야 한다. 프로그램에 참여하는 참가자는:

- 이곳을 자주 방문하는 이 지역 주민인가?
- 1년에 1~2주 정도만 방문하는 타지 사람인가?
- 도시 사람인가 아니면 촌락지역 사람인가?
- 학생인가?
- 세분화된 방문자인가? (낚시꾼, 사냥꾼, 단풍 여행객, 야생 동물 관찰을 위한 동호회, 등산객, 자전거 여행객 등)
- 해설 주제에 대한 지식 정도는 어떠한가? (전문가 혹은 초보자)

해설 프로그램에 참여하는 사람들의 유형과 그들과 어떤 식으로 관계를 맺을지에 대해 생각하고 적어보십시오.

해설 목표를 검토하는 데 도움이 되는 다음 두 가지 질문을 기억하십시오.

여러분 해설 프로그램에 주제와 목표가 있다고 해서 방문자가 프로그램에 참여할 것이라는 생각은 버리십시오. 여러분의 프로그램이 '방문객 친화적'인지와 '시장성'이 있는지에 대한 점을 자문해봐야 합니다.

방문자들은 왜 이 정보를 알고 싶어 하는가? (여러분이 제공할 해설 주제와 정보)

_____

_____

_____

여러분은 방문자들이 학습한 정보를 어떻게 사용하기를 바라는가?

_____

_____

_____

_____

이제 여러분은 해설 프로그램의 주제, 목표, 참여대상을 정했습니다. 다음은 여러분의 프로그램을 다른 사람들과 공유하는 것입니다.

다음 단계 - 프로그램 실행 준비단계

이번 단계를 수행하기 위해 4~5인 구성의 조를 편성하겠습니다. 여러분은 프로그램의 주제와 목표를 다른 조원들에게 설명합니다.

조별 임무 - 각 조는 조원들의 프로그램 해설 주제와 목표를 하나씩 들은 뒤, 반 전체에 발표할 프로그램 한 개를 선정하십시오.

우리 조를 대표해 반 전체에 발표할 프로그램의 주제는 다음과 같습니다.

_____

_____

_____

_____

지금부터 45분의 시간을 드리겠습니다. 이제 각 조는 반 전체에 발표할 프로그램을 공동으로 계획하기 바랍니다. 다음 사항을 기억하십시오.

- 각 조의 발표는 조원 모두가(비록 나무 같은 배경 역할을 할지라도) 반드시 참여할 것
- 각 조의 발표는 반드시 해설 주제를 설명하고 목표를 달성할 것
- 각 조의 발표는 반드시 시각적 묘사를 포함할 것
- 각 조의 발표 시간은 5분 이내로 할 것
- 각 조의 발표에는 해설의 세 가지 원칙(자극주기, 관련짓기, 나타내기) 모두를 반드시 포함할 것

다음 장에 나와 있는 프로그램 계획서를 인쇄·복사한 후 작성하십시오. 이 계획서는 각 조의 발표 시작 전에 제출합니다. 각 조의 프로그램 계획서는 복사를 해서 여러분 모두에게 나누어 줄 것입니다. 여러분은 각각의 프로그램 발표를 참관한 후, 4~6개의 다른 프로그램 계획서를 소장할 수 있습니다.

해설교육 프로그램 계획과정

해설교육(IE: Interpretation & Education)은 방문객 경험을 증진시키기 위해 제공되는 정보, 해설 및 교육재료, 프로그램, 미디어, 시설 등을 의미한다. 해설교육은 다음과 같은 곳에서 계획되고 있다.

- 방문객 센터
- 키오스크, 안내판
- 브로셔, 리플릿 등의 출판물
- 입구 및 출구
- 해설 안내 표지판
- 가이드 해설 투어
- 안전정보 및 관련 법제도
- 교육 프로그램 및 활동

해설교육 프로그램은 지역관리자, 자원관리자, 공원관리자, 관련 법제도 관계자 및 마케팅 계획가가 함께 계획할 때 가장 효과적으로 개발할 수 있다. 해설교육 프로그램 계획과정은 계획가들이 지역 또는 자원을 위해 가장 적절하게 해설교육 프로그램을 결정하기 위한 과정을 의미한다. 다른 계획과 마찬가지로 해설교육 프로그램은 논리적이고 이성적으로 계획되어야 하며, 해설교육 분야에서 유용한 의사결정 도구로 사용되어야 한다.

해설교육 프로그램 계획범위

해설교육 프로그램 계획의 범위는 다음과 같다.

〈그림 44〉 해설교육 프로그램 계획범위

해설교육 프로그램 계획과정

해설교육 프로그램의 실무적인 계획과정은 다음과 같다. 모든 과정은 프로그램 계획가에 의해 관리되며, 각 단계별 구체적인 고려사항을 참고해야 한다.

〈그림 45〉 해설교육 프로그램 계획과정

"그래서 뭐?" 주제 개발을 통한 해설 설계[8]

우리는 '생각해보기 - TORE 모델에 따른 해설 계획', '생각해보기 - 토픽은 무엇이고 테마는 무엇인가'에서 주제 개발의 중요성에 대해 학습하였다. 두 '생각해보기'에서 언급하였듯이 좋은 주제는 "그래서 뭐?"라는 질문에서 시작되며, 그 질문에 대한 궁금증을 해소하는 문장이 바로 해설의 주제가 되는 것이다. 이제부터 해설 시 뼈대가 되는 주제를 개발하는 연습을 해본다.

화제: 인물, 장소, 물건, 시설, 지역, 오감으로 느낄 수 있는 무엇

보편적 개념: 우리가 알고 있는 무형의 상징적인 의의

사실: 내가 해설해야 하는 것의 잘 알려진 검증 가능한 사건들

주제: 해설 시 가장 중요한 의미, 참여자들이 오래 기억할 만한 이야기

〈그림 46〉 이 실습에서 사용할 용어의 의미

우선 이 실습에서 사용할 용어들의 의미를 짚고 넘어가야 한다. '화제(話題, topic)'는 말 그대로 이야깃거리를 말한다. 화제는 주로 단어로 이루어지며 해설이라는 요리의 재료가 되는 것들이다.

'보편적 개념(universal concept)'[9]은 화제를 설명해줄 요리의 양념과도 같은 것이다. 요리에서도 누구나 쉽게 구할 수 있는 양념을 사용하여 그 비율을 조절하는 것으로 맛의 차이를 내듯이, 보편적 개념도 누구나 쉽게 이해하고 있는 일상에서 흔히 쓰고 참가자들의 일상생활과 밀접한 단어들이다.

---

8) Jeff Miller(2012), A Creative Way to Creating Interpretive Themes, NAI International Conference Proceedings, pp.80-81.

9) '생각해보기 - TORE 모델에 따른 해설 흐름'(「숲 해설 기초」 p.94-100) 참조.

'사실(fact)'은 보편적 개념으로 설명된 화제가 사실에 입각하는지 확인 가능한 정보를 말한다. 이야기의 흥미를 위해 거짓을 섞거나 혹은 '~카더라'식 정보를 넣지 않는다. '사실'은 요리에 있어서 조리순서와 같은 것이다. 요리를 할 땐 누구나 재료와 양념에 맞게 삶아야 할 조리법에는 삶고 튀겨야 할 조리법에는 튀겨서 조리하듯이 말이다.

'주제(主題, theme)'는 해설의 뼈대가 되는 문장이다. '주제'는 전체 이야기의 한 줄 요약과도 같은 것이며 참가자들이 '이것만은 기억했으면......' 하는 내용이다. 즉, 완성될 요리의 방향과도 같은 것이다. 요리에도 한식, 중식, 일식, 양식이라는 문화가 있으며 '봄에 입맛을 돋우는 요리', '지친 여름 기운을 되찾는 요리'라는 주제가 있어 먹는 이로 하여금 그 요리를 먹는 이유와 목적을 보여주는 것이다.

---

* 내가 해설하고 싶은 **인물**(위인, 유명인사 등등):
* 내가 해설하고 싶은 **유형물**(건물, 유물, 시설 등등):
* 내가 해설하고 싶은 **무형물**(문화, 역사, 유행 등등):

〈그림 47〉 화제 설정하기

무엇을 해설할 것인지에 대해 정한다. 크게 3가지 종류로 나눌 수 있는데 인물, 유형물, 무형물이 있다. 셋 중 하나의 종류를 선택하여 하나의 화제를 설정한다.

가능성	갈등	겸손	고난
권력	기술	기회	다양성
도전	명예	모순	모험
문명	발견	발명	방어
변화	보존	보호	부유함
비극	빈곤	생존	성공
성공	세력	솜씨	식민지
안전	애국심	업적	열정
영웅	예술성	용기	우정
인내	자유	자주	전쟁
정의	정직	좌절	주민
지도력	진전	충성	탐구
평등	평화	포괄적인	풍부
협동	호의	____	____

〈그림 48〉 이 실습에서 사용할 보편적 개념 단어

<그림 47>에서 정한 화제를 표현할 수 있는 보편적 개념의 단어를 선택한다. 실습에 소요되는 시간을 줄이기 위해 <그림 48>과 같이 제한하였으나, 화제를 잘 표현해줄 수 있는 다른 보편적 개념 단어가 있다면 1~2개 정도 빈칸에 적어 그 단어를 사용하도록 한다.

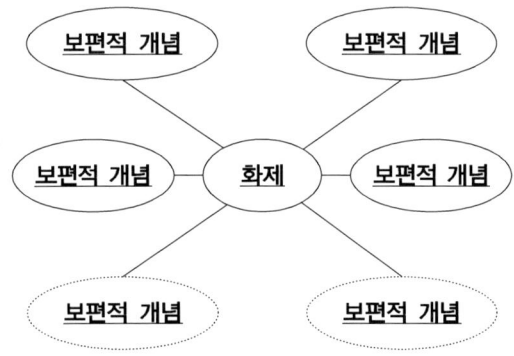

〈그림 49〉 해설 주제 개발 - 도형 #1

숲 해설 투어 안내기획법

<그림 47>에서 정한 화제를 중간에 배치한 후 <그림 48>에서 고른 보편적 개념의 단어들을 주변에 배치해본다. 보편적 개념은 화제를 가장 잘 설명할 수 있는 것으로 4개 정도 고른다.[10] 부족하다면 6개까지 사용한다. 그러나 절대 6개를 넘지 않도록 한다.

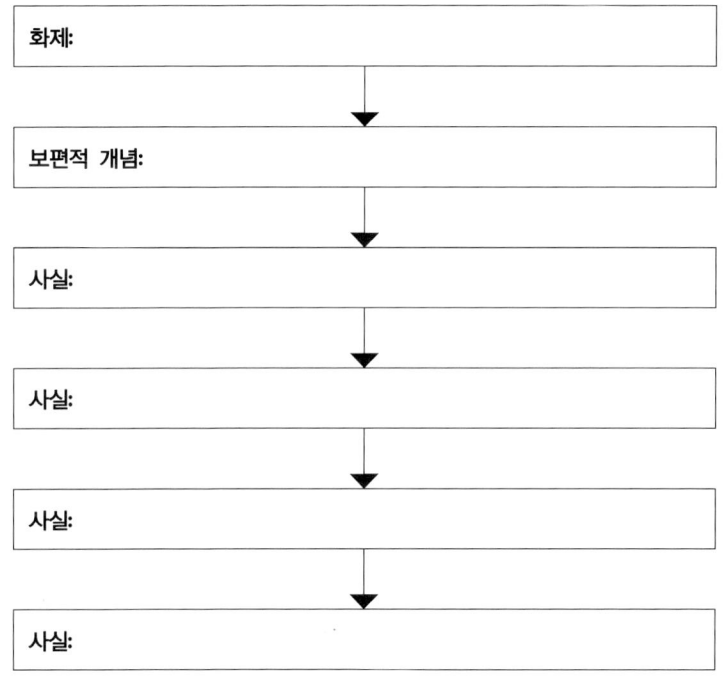

〈그림 50〉 해설 주제 개발 – 도형 #2

마지막으로 <그림 47>에서 선정된 화제와 그에 맞게 선택한 <그림 48>의 보편적 개념 단어들을 <그림 49>에 적고 그를 뒷받침할 사실을 <그림 50>과 같이 나열한다. 사실에는 선택한 보편적 개념 단어가 포함될 수 있도록 한다. 화살표가 아래로 향하는 것을 보아 알 수 있

10) '생각해보기 – 신기한 매직넘버 4.'

듯이, 사실들을 시간의 흐름으로 나열하거나 중요도의 비중으로 나열할 수 있다. 이때 선택한 보편적 개념을 모두 적어놓고 사실을 나열할 수 있고, 보편적 개념 하나하나 따로 적어놓고 사실을 나열해도 된다. 단, 해당 사실들은 절대 네 문장이 넘어가지 않도록 한다.

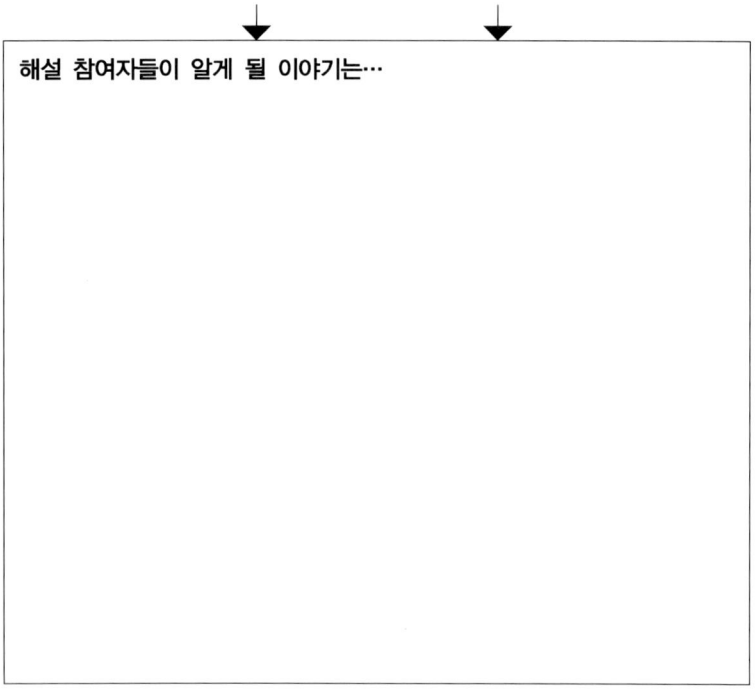

〈그림 51〉 해설 주제 개발 – 주제 문장 만들기

<그림 50>에서는 적은 보편적 개념과 그 보편적 개념을 포함한 사실을 나열해보았다. 이번에는 그 나열된 문장들을 순서에 맞게 정리하여 한 문장으로 만든다(<그림 51>). 이때 선택한 보편적 개념과 나열한 사실들이 4개를 넘게 되면 문장이 매우 길어지게 되고 의미 전달이 어려워질 수 있다. 시계열 흐름과 중요도 비중으로 흐름을 다듬는다.

숲 해설 투어 안내기획법

지금까지 학습한 단계로 해설 주제를 개발한 예를 보고 앞서 연습한 내용과 비교해본다. '화제 정하기'에서 종류를 '인물'로 선택하고 가수 '싸이'로 정했다.

☑ 내가 해설하고 싶은 **인물**(위인, 유명인사 등등): **싸이**

☐ 내가 해설하고 싶은 **유형물**(건물, 유물, 시설 등등):

☐ 내가 해설하고 싶은 **무형물**(문화, 역사, 유행 등등):

〈그림 52〉 화제 정하기 – '싸이'

화제를 가수 '싸이'로 정한 후 보편적 개념을 골랐다.

가능성	갈등	겸손	고난
권력	기술	기회	다양성
도전	명예	모순	모험
문명	발견	발명	방어
변화	보존	보호	부유함
비극	빈곤	생존	**성공**
성공	세력	**솜씨**	식민지
안전	애국심	업적	**열정**
영웅	예술성	용기	우정
인내	자유	자주	전쟁
정의	정직	**좌절**	주민
지도력	진전	충성	탐구
평등	평화	포괄적인	**풍부**
협동	호의	____	____

〈그림 53〉 '싸이'에 대한 보편적 개념 단어

화제인 '싸이'를 잘 나타내줄 보편적 개념 단어로 총 네 개(솜씨, 풍부, 좌절, 성공)를 고른 후 주제 개발 시 의미가 부족할 때 사용할 수 있도록 두 개의 단어(열정, 영웅)를 더 선택했다.

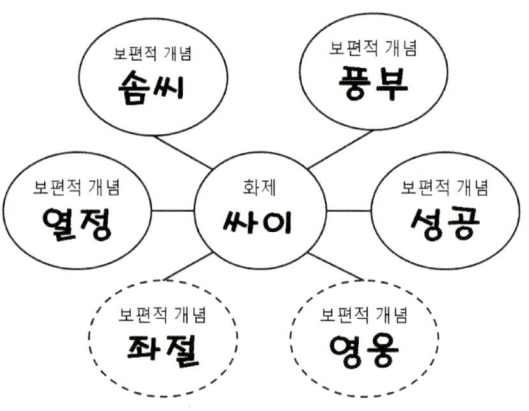

〈그림 54〉'싸이' 해설 주제 개발 1

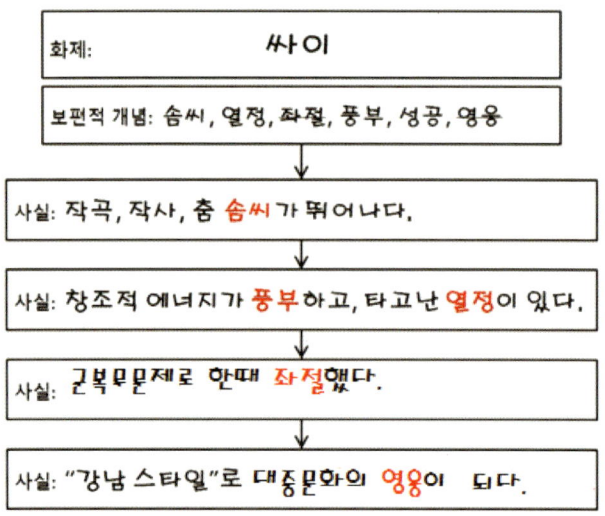

〈그림 55〉'싸이' 해설 주제 개발 2

선택한 보편적 개념 단어로 사실에 입각한 문장을 작성하였다. 시간의 흐름과 중요도 비중을 순서대로 정리하고 보편적 개념을 모두 포함하였다. 필자는 예제를 보이기 위해 5개의 보편적 개념 단어를 사용하여 네 개의 사실 문장을 만들었다. 독자 분들은 연습할 때 한 개의 보편적 개념 단어에 네 개의 사실 문장을 만들어보길 바란다.

이렇게 정리된 문장들로 하나의 해설 주제를 만들었다. 한 문장이라고 하기에는 길지만, 이 문장을 토대로 한다면 해설 시나리오를 작성하기도 수월하고 기억하기도 쉬워 해설 시 매끄럽게 진행할 수 있다.

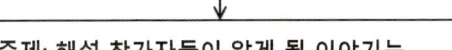

주제: 해설 참가자들이 알게 될 이야기는...

가수 **싸이**는 창조적 에너지가 **풍부**하고 작곡, 작사, 춤 **솜씨**가 뛰어난 사람이라서 타고난 **열정**으로 "강남 스타일" 이라는 노래를 만들어 다시 **성공**했다.

〈그림 56〉 해설 주제 개발 - '싸이' 주제 문장 만들기

지금까지 해설 진행 시 뼈대가 되는 주제를 만들어보았다. 그러나 여기서 한 단계 더 나아가 이 해설의 제목을 붙여보겠다. 이를 해설 주제를 유추하고 그 의미를 파악할 수 있는 '테마 제목'[11]이라고 한다.

테마 제목은 총 네 개를 작성해보았다. 제목과 함께 그 의미를 담고 있는 사진을 함께 제시하면 훌륭한 해설안내판도 될 수 있다. 4번으로 갈수록 해설 참가자들에게 관심을 끌 만한 말이면서 간결하며, 해설

---

11) '생각해보기 - 테마 제목의 중요성' 참조.

주제와 전반적인 내용을 유추할 수 있는 것들이다.

1. 세계를 움직인 열정
2. 말춤 하나면 세계가 하나
3. 강남 스타일?
   싸이의 인생 스타일!
4. 한물갔다고?
   오빠 스타일 아직 안 죽었어!

　지금까지의 예는 말 그대로 '예시'일 뿐 정답은 아니다. 해설 주제와 시나리오, 프로그램을 개발하는 것은 이 예시 하나만 따라해 본다고 해서 구구단처럼 쉽게 답이 나오는 것이 아니다. 그러나 정답이 없다고 해서 규칙이 없는 것은 아니다. 쉽게 해설 주제를 개발할 수 있는 방법, 프로그램을 개발하는 다양한 기법들을 숙지하여 자신의 해설에 맞는 방법으로 개발해야 한다.

숲 해설 아카데미

'생명의 숲' 숲해설교재편찬팀 저 | 현암사 |
2005

숲 해설가가 되고 싶은 사람들을 위한 입문서
이다. 숲 해설에 대한 기본 개념은 물론 숲 생
태, 식물, 곤충, 동물 등 숲 해설에 필요한 기본
요소들을 두루 다루고 있다.

Outdoor Education: Methods and Strategies

Ken Gilbertson, Timothy bates, Terry
McLaughlin, Alna Ewert 공저 | Human
Kinetics | 2005

야외교육의 기본을 알려주는 책이다. 주로 이론
위주이며 교육학적 요소와 다양한 학설들을 찾
아볼 수 있다.

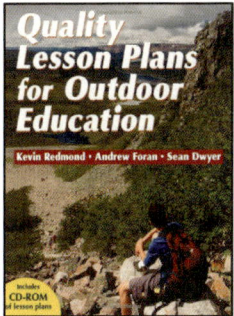

Quality Lesson Plans for Outdoor Education

Kevin Redmond, Andrew Foran, Sean
Dwyer 공저 | Human Kinetics | 2009

야외교육에서 활용할 수 있는 각종 프로그램들
을 소개하고 있으며 교수법, 운영 기법, 교육학
적 원리까지 섭렵하고 있다. 특히 캠프 프로그
램에 활용하기 좋다.

제8장

해설 투어 프로그램
계획서

/1/ 숲에서의 해설 투어 프로그램 계획

날짜: (월)_____ (년)_____

조원 이름: _____

발표 해설 주제:

_____

_____

_____

_____

프로그램 목표:

    학습:

    행동:

    감성:

참여 대상:

_____

_____

장려 및 금지사항

· 금지사항

- '프로젝트'라는 단어의 사용
- 강의
- 전문 용어와 약어의 사용
- 수동적인 문장
- 참가자의 흥미를 배제한 채 해설가의 흥미 위주로 프로그램을 기획하는 것. 이는 어떤 면에서 군인이 본인의 흥미대로 임무를 수행하는 것과 마찬가지
- 참가자 중 해당 분야의 전문가와 논쟁하는 것: 전문가와 해설가 양측 모두 지는 게임
- 해당 주제에 관해 해설가가 아는 것을 모두 얘기하는 것
- 불편한 장소나 잘 들리지 않는 장소에서 얘기하는 것

· 고려사항

- 계획
- 여러분의 해설에 참가 단체의 목표와 연관시킬 것
- 목표, 주제, 부주제, 해석을 개발할 것
- 도입과 결론
- 유형, 무형, 보편성을 포함할 것
- 참가자의 참여를 유도할 것

- 여러분 자원과 관련 있는 발표를 개발할 것
- '동등한 비교'를 사용할 것: 예를 들면 "이 댐은 후버댐과 같은 방식으로 만들어졌고 후버댐보다 좀 더 많은 콘크리트가 사용되었습니다."
- 정확한 정보를 제공할 것

투어 계획 목록과 확인 목록을 만들 것

· 투어 이전

- 일찍 도착해서 탐방로를 둘러볼 것
- 탐방로의 어디에서 멈추어 해설 주제를 설명할지 미리 확인할 것
- 참여자 그룹의 크기를 고려해 해설하기 좋은 최적의 장소를 확인할 것
- 해설에 필요한 자료를 준비해왔는지 확인할 것
- 환영인사와 본인 소개를 검토할 것
- 참여자들이 도착하면 반기며 환영할 것
- 탐방하기 전에 화장실 사용 여부를 물어볼 것
- 참여자들의 복장이 활동·기후에 적합한지 확인할 것

· 투어 도입

- 해설가 자신을 소개할 것
- 돌아가며 참여자 본인 소개를 하도록 할 것 (소규모 그룹의 경우)
- 참여자의 흥미를 유발하는 방향으로 해설의 주제를 소개할 것
- 안전 및 (규칙)준수사항을 설명할 것
- 참여자에게 질문할 시간을 줄 것
- 첫 번째 정지장소에서 흥미를 유발할 만한 문장을 얘기할 것

· 투어 본론

- 각각 정지장소마다 참여자 그룹의 대열을 정돈하여 모든 참여자 가 해설에 집중하여 들을 수 있도록 할 것
- 틸든의 해설의 기본원칙을 각 정지장소마다 사용할 것. 정지장소 를 해설 투어의 주제와 연관 짓는 것을 명심할 것
- 탐방로를 걸으면서 어떤 참여자가 질문하면, 그 질문을 그룹과 공 유하여 모든 참여자가 알게 한 후 답변할 것
- 각 정지장소에서 해설이 끝날 무렵(나타내기), 다음 정지장소에 대한 흥미를 유발시킬 것
- 참여자가 편안한지, 흥미가 지속되는지 살펴볼 것
- 모든 참가자가 함께할 수 있도록 걷는 속도를 조절할 것
- 해설을 시작하기 전 모든 참여자가 도착할 때까지 기다릴 것
- 정지장소마다 해설 주제를 설명할 것: 해설 주제를 상기시키는 설 명을 하되 각기 다른 방식으로 설명
- 눈, 마음, 가능성을 열고 재미를 느낄 것

· 투어 종반 (결론)

- 재빨리 참여자가 보고, 배우고, 경험했던 것들에 대해 되짚어줄 것
- 해설 프로그램이 시사하는 주제를 되새겨줄 것
- 참여자에게 경험한 것에 대해 질문하는 등 프로그램에 관한 간단 한 평가를 진행할 것(간단하게 할 것)
- 참여자에게 다가오는 이벤트나 다른 해설 프로그램에 대해 알려 줄 것
- 안내물이나 프로그램 일정표 등이 있으면 나누어줄 것(웹사이트, 자원봉사지원 기회 등)

- 참여자에게 질의응답 시간을 제의할 것
- 참여자에게 집까지 안전하게 들어갈 것과 곧 다시 만났으면 좋겠다는 인사를 할 것

국립수목원 해설 적용 사례

해설 프로그램 계획서 1

날짜:　　　　(월)_____　(년)_____

조원 이름:　　　_____

발표 해설 주제:

_____

_____

_____

_____

프로그램 목표:

　　학습: 공간개념의 인지를 돕는다.

　　　　　주의집중과 판단력을 기른다.

　　　　　곤충경을 통해 숲속 생물의 다양함을 관찰한다.

　　행동: 소리를 변별하고 방향감각을 기른다.

　　　　　청각, 후각, 촉감, 시각의 감각적 기능을 향상시킨다.

　　감성: 친구들과 신체적 친밀감을 가진다.

　참여 대상: 만 5세

숲 해설 투어 안내기획법

프로그램명	[까막잡기놀이 변형] 곤충경을 이용한 까막잡기 놀이				
내용영역	□경제지원	■환경생태	■문화교육	□윤리실존	□기타
교수 학습 방법	□강의	■관찰	□시청각매체	■역할놀이	□워크숍
	□조사실험	□창작예술(만들기)	■복합(캠프 등)	□탐사(모니터링)	□토론
	□프로젝트	□기타			
가능시기	□사계절	■봄	□여름	□가을	□겨울
장소	■숲속	■지역산림관련시설		■실내	
	□하천	■가정		□기타 실외	
소요시간	□30분 내외	■1~2시간	□2~4시간		□3~4시간
	□5~6시간	□1~2일	□2~4일		□5일 이상
관련교과	□국어	□수학	■사회	■과학	■도덕(윤리)
	□미술	□음악	□실과	□외국어	□기타
주제	□나무의 종류 및 특성	■도시 숲	□산불		□산림과 기후변화
	■산림문화	■산림생태계	□산림토양		□산림휴양
	□숲 가꾸기	■숲속 동식물	□숲의 기능과 순환		□숲의 보전활동
	□식물원과 수목원	□임업		□학교 숲	

【도 입】

<활동 1> 숲속 친구들과 인사나누기

○ 여러 질문으로 호기심을 유발시키고 다양한 인사로 강사와의 낯가림을 해소시키기
 - 숲에는 어떤 생물들이 살고 있을까 자유롭게 이야기하기
 - 숲에서 볼 수 있는 생물카드를 보여주며 자연스럽게 이름을 알 수 있도록 하기 (잠자리 카드 필수)

<활동 2> 잠자리 노래와 율동

○ 잠자리 노래와 율동으로 흥미를 유발시키고 체온 높이기
 <제목: 잠자리>
 - ♬ 잠자리 날아 다닌다~ 장다리꽃에 앉았다~ 살금살금 바둑이가~ 잡다가 놓쳐 버렸다~ 짖다가 날려 버렸다~ ♬

【전 개】

<활동 3> 잠자리가 보는 세상

○ 2모둠으로 나누고 모둠 이름 정하기
○ 강사는 생물카드를 준비
○ 모둠별로 1명씩 곤충경을 쓰게 하기
○ 강사가 보여주는 생물카드를 보고 생물의 이름 맞추기
○ 한 명씩 순서대로 생물카드를 바꿔가며 진행하기

<활동 4> 잠자리 눈 경주

○ 일정한 거리를 두고 두 개의 출발선을 마주보도록 그리기
○ 2모둠으로 나누고 모둠별로 절반의 아이들이 각각의 출발선에 나누어서기
  - 양쪽 출발선에서 강사는 곤충경 이어받기 지도하기
○ 한 명씩 곤충경을 쓰고 맞은편 출발선으로 출발
  - 넘어질 수 있으므로 뛰지 않고 걷기를 규칙으로 정하기
○ 도착한 아이는 곤충경을 다음 아이에게 전달하고 동일한 방법으로 진행하기
○ 경쟁보다 놀이를 하면서 곤충경으로 보는 세상을 충분히 느낄 수 있도록 하기

<활동 5> 눈 감고 숲 느껴보기

○ 짝꿍 정하기
○ 한 명은 눈을 감고 한 명은 눈을 감지 않기
○ 눈을 감지 않은 아이는 눈을 감은 친구의 손을 잡고 천천히 걸어가기
○ 눈을 감은 아이는 짝꿍을 의지해 눈을 감은 채로 걸어가기
○ 눈을 감고 걸으며 감지 않았을 때 느끼지 못했던 숲의 소리, 향기, 바람을 느껴보기
○ 짝꿍과 역할을 서로 바꿔서 눈을 감고 걸어보기

<활동 6-1> 토끼와 호랑이 1

○ 둥글게 둘러앉아 호랑이(술래) 한 명을 정하고 눈가리개로 눈을 가림
○ 호랑이는 원 안에 서기
○ 호랑이 모르게 토끼 한 명을 정하기
○ 토끼는 호랑이에게 조심스럽게 다가가 손가락으로 등을 꾹 누르기
○ 토끼는 호랑이 주위를 한 바퀴 돌고 제자리에 와서 앉기
○ 아이들이 "찾아라" 외치면 호랑이는 눈가리개를 풀고 토끼를 찾음
○ 호랑이가 토끼를 찾을 때 아이들은 노래를 부르거나 여러 가지 동작을 하면서 토끼를 찾기 어렵게 하기

<활동 6-2> 토끼와 호랑이 2

○ 놀이할 적당한 범위 정하기
  - 땅에 원을 그리거나 밧줄을 이용하거나 사물을 골라 범위 정하기
○ 호랑이(술래) 한 명을 정하고 눈가리개로 눈을 가림
○ 호랑이를 제외한 나머지 아이들은 토끼가 됨
○ 토끼는 손뼉을 치면서 호랑이 피해 다니기
  - 반드시 자신의 위치를 알리기 위해 손뼉을 쳐야 함

○ 호랑이는 손뼉 소리를 듣고 토끼를 잡으러 다님
○ 호랑이에게 잡힌 토끼는 호랑이가 되어 동일한 방법으로 놀이 반복하기
  - 호랑이 손에 스치기만 해도 잡은 것으로 함
○ 토끼를 잡으면 호랑이가 토끼 얼굴을 만져보고 누구인지 맞추기를 해도 좋음

【마 무 리】

<활동 7> 소감 발표

○ 느낌을 서로 나누어보기
  - 눈을 가렸을 때와 그렇지 않았을 때의 소리, 향기, 바람의 느낌을 비교하며 이야기하기
○ 눈의 소중함 알기
  - 앞을 보지 못하는 불편함을 알고 눈의 소중함을 이야기하기
  - 자신의 건강한 눈에 고마움을 표현하기
  - 자신의 건강한 신체에 고마움을 표현하기

【교육가치】

· 유   형: 역할 놀이, 알아맞히기
· 인지적 가치: 공간개념, 시·공간·거리 개념, 식물 이름 익히기
· 교육적 가치: 인지 발달, 눈·손의 협응력, 신체운동, 신체 균형, 청각 기능 발달

【주의사항】

· 술래(호랑이)는 눈가리개를 벗지 않도록 한다.
· 술래(호랑이)는 손뼉 치는 소리를 듣고 잡으러 다니는 것이므로 토끼는 반드시 손뼉을 치도록 한다.
· 술래가 걸려 넘어질 수 있으므로 활동장소를 장애물이 없는 안전한 곳으로 한다.
· 규칙을 잘 지키고 차례를 기다릴 때 흥미를 잃지 않도록 격려해준다.
· 간편 복장 착용에 대해 학부모 및 기관과 사전에 협의한다.
· 도입과정에서 체온을 충분히 높여 다치지 않도록 주의시킨다.

교보재	· 생물카드 (잠자리 카드) · 눈가리개 (손수건 또는 안대) · 곤충경 2쌍

교과연계
(5세 누리
과정 영역별
지도원리)
	I. 신체운동 · 건강
	  ■ 신체인식하기
	    • 감각능력 기르기
	      · 미세한 감각적 차이를 구분하기
	    • 감각기관 활용하기

・여러 감각 기관을 협응하여 활용하기

・감각으로 대상이나 사물의 특성과 차이를 인식하기

II. 자연탐구

■ 탐구하는 태도 기르기

• 호기심을 유지하고 확장하기

・주변 사물과 자연 세계에 대해 지속적으로 관심을 갖고
궁금해하기

■ 과학적 탐구하기

• 물체와 물질 알아보기

・주변의 여러 가지 물체와 물질의 기본 특성을 알아봄

• 자연현상 알아보기

・돌, 물, 흙 등 자연물의 특성과 변화를 알아봄

숲 해설 투어 안내기획법

해설 프로그램 계획서 2

날짜: (월)_____ (년)_____

조원 이름: _____

발표 해설 주제:

_____

_____

_____

_____

프로그램 목표:

    학습: 침엽수 잎과 질경이 잎의 질감을 느껴보고 둘의 차이

        를 알게 한다.

        호기심을 갖고 스스로 생각하는 능력을 기른다.

    행동: 손 근육과 촉감을 발달시킨다.

    감성: 친구들과 신체적 친밀감을 가진다.

참여 대상: 만 5세

프로그램명	|풀싸움놀이 변형| 침엽수 잎을 이용한 풀싸움 놀이			
내용영역	□경제지원	■환경생태	■문화교육	□윤리실존 □기타
교수 학습 방법	□강의 □조사실험 □창작예술(만들기) □프로젝트 □기타	■관찰 □복합(캠프 등)	□시청각매체 ■탐사(모니터링) □토론	■역할놀이 □워크숍
가능시기	□사계절	□봄	■여름	□가을 □겨울
장소	■숲속 ■하천	■지역산림관련시설 □가정	□실내 ■기타 실외	
소요시간	□30분 내외 ■1~2시간 □5~6시간 □1~2일	□2~4시간 □2~4일	□3~4시간 □5일 이상	
관련교과	□국어 □수학 □미술 □음악	□사회 □실과	■과학 □외국어	□도덕(윤리) □기타

주제	□나무의 종류 및 특성 □도시 숲 □산불 □산림과 기후변화
	□산림문화 □산림생태계 □산림토양 □산림휴양
	□숲 가꾸기 ■숲속 동식물 □숲의 기능과 순환 □숲의 보전활동
	■식물원과 수목원 □임업 □학교 숲

【도 입】

<활동 1> 나뭇잎 숫자 세어보기

○ 형태가 다른 침엽수 가지를 나열 후 잎의 숫자를 세어보기
  - 침엽수 잎: 바늘 모양의 잎이 뭉쳐 있는 모여나기 형태
  - 소나무, 리기다소나무, 곰솔, 백송, 잣나무 등

<활동 2> 침엽수 잎 끝 비교 관찰

○ 잎의 끝이 다른 침엽수 잎 관찰해보기
  - 전나무, 주목, 향나무 등

【전 개】

<활동 3> 소나무 잎 주사

○ <활동 1, 2>에서 사용한 침엽수 잎으로 손등, 손바닥에 주사 놀이를 하기
  - 손바닥과 손등을 빗자루로 쓸 듯이 침엽수 잎으로 쓸어내리는 동작을 먼저 함
  - 뾰족한 감각에 조금씩 익숙해지도록 속도를 조절하여 진행함
  - 뾰족한 잎 끝을 조절할 수 있는 단계가 되면 손바닥과 손등을 콕콕 찔러 주사놀이 진행함

<활동 4> 소나무 잎 풀싸움

○ 주사 놀이 때 활용한 침엽수 잎으로 풀싸움 놀이를 함
  - 개인별로 각각 다른 침엽수 잎을 3개 정도 갖게 한 후 풀싸움 놀이를 진행함
  - 쉽게 끊어진 침엽수 잎과 질긴 침엽수 잎의 차이를 발표하거나 대결 등으로 시간을 조절함

<활동 5> 질경이 잎 풀싸움

○ 집중 이완을 위해 질경이를 채취하는 활동을 함
  - 아동들이 질경이를 무작위로 채취하거나 버리는 행동을 줄이기 위해 강사가 먼저 채취 시범을 보이고, 강사와 인솔교사의 통솔하에 적정하게 채취할 수 있도록 유도함
○ 질경이 잎을 이용한 풀싸움 놀이를 함
  - 질경이를 찾아 동그랗게 표시하고 강사를 기다림

(내용 개요)

- 강사가 질경이를 모종삽으로 캐주면 유아가 흙을 털어냄
- <활동 4>의 소나무 잎 풀싸움과 같은 방식으로 질경이 잎 풀싸움을 함
- <활동 6>으로 연결할 것에 대비하여 질경이 잎은 하나만 따서 진행함
○ 질문으로 호기심을 유발하기
- 질경이는 왜 질경이라고 불리게 되었을까요?
- 얼마만큼 질긴지 놀이를 통해 알아보아요.

<활동 6> 질경이 잎 제기차기

○ <활동 5>에서 채취한 질경이로 손바닥 제기차기를 진행함
- 질경이를 뿌리 채 캐내어 흙을 털어낸 후 제기로 활용함
- 한 손 또는 양손을 이용하여 손바닥으로 제기차기를 함
○ 손바닥 제기차기에 익숙해지면 발로 제기차기를 해봄
- 질경이 잎 풀싸움할 때 채취한 질경이로 제기차기를 함
- 질경이를 손으로 잡고 제기차기 동작을 먼저 연습함
- 발을 번갈아가며 무릎 높이 위로 차올리는 동작, 발을 바깥쪽으로 차올리는 동작 등으로 충분히 움직이게 함
- 발로 제기차기 동작을 연습한 후에 제기차기를 함
- 5세 이하의 유아인 경우에는 실이 연결된 질경이제기를 발로 차도 좋음

【마 무 리】

<활동 7> 소나무 잎 안마하기

○ 소나무 잎으로 서로의 등을 두드리며 안마를 해주기
- 간벌재에서 채취한 소나무 가지 활용 (뾰족한 부위 제거)

【교육가치】

■유　형: 알아맞히기
■인지적 가치: 힘과 속도의 관계, 식물 이름 익히기, 숫자 세기, 도형 인식
■교육적 가치: 인지 발달, 눈·손의 협응력, 손근육 발달, 물리적 지식, 규칙 개념

【주의사항】

■간편 복장 착용에 대해 학부모 및 기관과 사전에 협의한다.
■도입과정에서 차분한 분위기를 유지시켜 전개 활동 시 흥분하지 않도록 조절한다.

교보재	■소나무 가지	■향나무 가지

	▪ 잣나무 가지 ▪ 리기다소나무 가지 ▪ 전나무 가지 ▪ 곰솔 가지 ▪ 주목 가지 ▪ 백송 가지 ▪ 질경이 ▪ 어린이용 모종삽 ▪ 어린이용 갈퀴 ▪ 어린이용 모래 채 ▪ 전정가위

교과연계
(5세 누리과
정 영역별
지도원리)
	I. 신체운동·건강
	▪ 신체 인식하기
	  • 감각능력 기르기
	    ·미세한 감각적 차이를 구분하기
	  • 감각기관 활용하기
	    ·감각으로 대상이나 사물의 특성과 차이를 인식하기
	▪ 신체 조절과 기본 운동하기
	  • 제자리에서 운동하기
	    ·제자리에서 다양한 운동하기
	
	II. 자연탐구
	▪ 과학적 탐구하기
	  • 생명체와 자연환경 알아보기
	    ·관심 있는 동식물의 특성과 성장 과정을 알아보기

숲 해설 투어 안내기획법

해설 프로그램 계획서 3

날짜: (월)_____ (년)_____

조원 이름: _____

발표 해설 주제:

_____

_____

_____

_____

프로그램 목표:

    학습: 게임에 필요한 규칙을 알고 지킨다.

          전래동요를 알 수 있다.

    행동: 동적인 활동으로 진행하여 신체활동량을 높인다.

          신체 대근육 기능을 향상시킨다.

    감성: 친구들과 협동심을 통한 신뢰감을 가진다.

  참여 대상: 만 5세

프로그램명	[강강술래 변형] - 나이테를 이용한 강강술래 놀이				
내용영역	□경제지원	■환경생태	■문화교육	□윤리실존	□기타
대상	■유치원	□초등학생	□중학생	□고등학생	□대학생 □일반인
교수 학습 방법	□강의	■관찰	□시청각매체	■역할놀이	□워크샵
	□조사실험	□창작예술(만들기)	□복합(캠프 등)	□탐사(모니터링)	□토론
	□프로젝트	□기타			
가능시기	■사계절	■봄	■여름	■가을	■겨울
장소	■숲속	■지역산림관련시설		□실내	
	□하천	□가정		■기타 실외	
소요시간	□30분 내외	■1~2시간	□2~4시간	□3~4시간	
	□5~6시간	□1~2일	□2~4일	□5일 이상	
관련교과	□국어	■수학	□사회	■과학	□도덕(윤리)
	□미술	■음악	□실과	□외국어	□기타
주제	■나무의 종류 및 특성	□도시숲	□산불	□산림과 기후변화	

■산림문화	■산림생태계	□산림토양	□산림휴양
□숲가꾸기	□숲속 동식물	□숲의 기능과 순환	□숲의 보전활동
□식물원과 수목원		□임업	□학교숲

<table>
<tr><td rowspan="1">내용 개요</td><td>

【도 입】

<활동 1> 대문놀이

○ "남대문 동대문" 노래와 함께 대문놀이를 통한 준비운동으로 체온을 높이기

<제목: 동대문 놀이>

- "남대문 동대문" 노래: 남, 남, 남대문을 열어라. 동, 동, 동대문을 열어라. 열두 시가 되면 문을 닫는다.
- 노래의 속도는 유지하면서 초반에는 도는 속도를 천천히 하다가 조금씩 빠르게 진행하여 체온을 충분히 높이기
- 시간이 부족할 경우 술래로 잡힌 아이들과 대문 역할을 한 아이들에게 나뭇잎 가면을 선물로 주어 분위기 유지

【전 개】

<활동 2> 하늘보기 거울을 활용하여 다양한 거울놀이 진행

○ 개별: 하늘보기 거울을 보며 움직이더라도 다치지 않도록 익숙해질 수 있는 시간을 줌

○ 단체: 뱀 또는 애벌레의 눈으로 하늘 보며 기차놀이

<활동 3> 에코 브릿지 놀이

○ 앞 사람의 어깨를 잡고 기차를 만들어 원을 돌게 한 후, 원을 좁게 만들어 뒷사람의 무릎에 앉게 함

- 유치부 아동의 경우 넘어지는 것에 대한 두려움이 있으므로 강사와 인솔교사들의 시범을 보인 후 완급을 조절하여 진행

○ 다시 일어서서 원을 그리며 돌다가 앉는 것을 2~3번 반복하여 협동으로 재미를 느낄 수 있도록 유도

- 모두 협동하면 넘어지는 것에 대한 두려움을 없앨 수 있음을 유도

<활동 4> 나이테 돌리기

○ 수건돌리기와 같은 방법이며 수건 대신 나이테가 보이는 원목 판을 이용하여 놀이

- <활동 2, 3>에서의 활동량에 따라 완급 조절

【마 무 리】

<활동 5-1> 나이테 관찰하기

○ 나이테 원목판을 활용한 나이테 세기

○ 현장 내 간벌로 근주가 남은 그루터기의 나이테 관찰

<활동 5-2> 다릅나무 목걸이 만들기

</td></tr>
</table>

	○ 다릅나무 목걸이로 나이테 관찰을 이어가다가 색지, 색네임펜 등으로 공작활동 진행
	   - 신체 활동으로 높인 체온과 호흡을 고르며 마무리
	【교육가치】
	■ 유　형: 목적물 맞추기
	■ 인지적 가치: 공간개념, 수개념, 식물이름 익히기, 도형 인식
	■ 교육적 가치: 눈·손의 협응력, 손근육 발달, 상상력·창의력, 수 개념,
	          균형잡기, 조형활동, 집중력 향상
	【주의사항】
	■ 간편 복장 착용에 대해 학부모 및 기관과 사전에 협의
	■ 도입과정에서 체온을 충분히 높여 다치지 않도록 주의
	■ 하늘보기 거울 놀이 시 인솔교사의 참여 적극 유도

교보재	■ 하늘보기 거울 30개　　　　　　　　　■ 네임펜(12색) 30개 ■ 나이테 원목판 4개　　　　　　　　　■ 목공풀 (또는 순간 ■ 다릅나무 목걸이 공작세트 60개　　　　 접착제)

교과연계
(5세 누리
과정 영역별
지도원리)
	영역-내용범주-내용-세부내용
	I. 신체운동·건강
	■ 신체 인식하기
	  • 감각능력 기르기
	    ·미세한 감각적 차이를 구분하기
	    ·여러 감각기관을 협응하여 활용하기
	    ·신체 조절과 기본 운동하기
	  • 신체 조절하기
	    ·신체 각 부분의 움직임을 조절하기
	    ·공간, 힘, 시간 등의 움직임 요소를 활용하여 운동하기
	
	II. 예술경험
	■ 예술적 표현하기
	  • 음악으로 표현하기
	    ·전래 동요를 즐겨 부르기
	  • 움직임과 춤으로 표현하기
	    ·신체를 이용하여 주변의 움직임을 다양하게 표현하기
	
	III. 자연탐구
	■ 과학적 탐구하기
	  • 자연현상 알아보기
	    ·돌, 물, 흙 등 자연물의 특성과 변화를 알아보기

해설 프로그램 계획서 4

날짜:　　　(월)＿＿＿＿＿　(년)＿＿＿＿＿

조원 이름:　＿＿＿＿＿＿＿＿＿＿＿＿＿＿

발표 해설 주제:

＿＿＿＿＿＿＿＿＿＿＿＿＿＿＿＿＿＿＿＿

＿＿＿＿＿＿＿＿＿＿＿＿＿＿＿＿＿＿＿＿

＿＿＿＿＿＿＿＿＿＿＿＿＿＿＿＿＿＿＿＿

＿＿＿＿＿＿＿＿＿＿＿＿＿＿＿＿＿＿＿＿

프로그램 목표:

　　　학습: 사물에 대한 관찰력과 숲 생태계의 관계성을 이해한다.

　　　　　주의집중과 판단력을 기른다.

　　　　　곤충경을 통해 숲속 생물의 다양함을 관찰한다.

　　　행동: 놀이를 통해 손 기술과 창의력, 집중력을 기른다.

　　　　　놀이 중 신체 활동을 통해 손과 팔의 힘을 기른다.

　　　감성: 다른 역할을 하면서 생명의 소중함을 느낀다.

　　참여 대상: 만 5세

프로그램명	[딱지치기 변형] - 새의 습성을 이용한 새똥 딱지치기 놀이				
내용영역	□경제지원	■환경생태	■문화교육	□윤리실존	□기타
대상	■유치원	□초등학생	□중학생	□고등학생	□대학생　　□일반인
교수	□강의	□관찰	□시청각매체	■역할놀이	□워크샵
학습	□조사실험	■창작예술(만들기)	□복합(캠프 등)	□탐사(모니터링)	□토론
방법	□프로젝트	□기타			
가능시기	■사계절	■봄	■여름	■가을	■겨울
장소	■숲속	■지역산림관련시설	■실내		
	□하천	■가정	■기타 실외		
소요시간	□30분 내외	■1~2시간	□2~4시간	□3~4시간	
	□5~6시간	□1~2일	□2~4일	□5일 이상	

관련교과	□국어	■수학	□사회	■과학	□도덕(윤리)
	□미술	□음악	□실과	□외국어	□기타

주제	□나무의 종류 및 특성 □도시숲 □산불 □산림과 기후변화
	■산림문화 ■산림생태계 □산림토양 □산림휴양
	□숲가꾸기 ■숲속 동식물 ■숲의 기능과 순환 □숲의 보전활동
	□식물원과 수목원 □임업 □학교숲

내용 개요	【도 입】 <활동 1> 숲대문 놀이 ◦ 한 줄 기차 만들기 　- "즐겁게 춤을 추다가 그대로 멈춰라!" 노래에 맞추어 춤을 추기 　- "2명~" 하고 외치면 2명씩 짝을 짓고 가위·바위·보 하기 　　진 아이는 이긴 아이 뒤에 서서 어깨나 허리 잡기 　- 다시 "즐겁게 춤을 추다가 그대로 멈춰라!" 노래가 끝날 때쯤 　　가까운 모둠끼리 가위·바위·보 하기 　- 진 모둠은 이긴 모둠의 끝에 붙어서 기차 만들기 　　(한 줄 기차가 완성될 때까지 반복) ◦ "숲숲숲대문~" 놀이 ("동동동대문" 놀이 변형) 　<제목: 동대문 놀이> 　- ♬ 숲, 숲, 숲대문을 열어라~ 나, 나, 나무를 심어라~ 　　나무가 늘어나면 숲이 넓어진다. ♬ 　- 노래가 끝날 때 잡힌 아이는 나무(문지기)가 됨 　- 처음 나무와 손을 잡아 대문 하나를 더 만들기 　　(놀이를 계속할수록 숲의 공간이 넓어진다) ◦ 다시 나무를 심자! 　- 마지막까지 잡히지 않은 아이는 새가 됨 　- 숲을 오가다가 나무가 준 열매를 먹고 숲에 똥을 누는 역할 【전 개】 <활동 2> 숲에 이 많은 나무와 풀은 누가 심었을까요? ◦ 씨앗 퍼트리기는 엄마 나무의 이야기 ◦ 많은 식물을 다시 심어주는 새 이야기 　- 새가 열매를 먹고 똥을 싸면 똥 속에 있던 씨앗에서 싹이 남 　- 싹이 나무가 되어 열매가 맺히면 다시 새의 먹이가 됨 (순환) ◦ 새 똥 이야기 　- 새 똥은 무슨 색일까요? (흰색, 검정색, 회색의 새 똥) 　- 새 똥에는 무엇이 들어 있을까요? (씨앗) <활동 3-1> 새가 되어 보기 - 새똥 딱지 접기 ◦ 새똥 딱지 접기 　- 새나 동물 등으로 자신의 딱지임을 표시 (이름을 써도 된다)

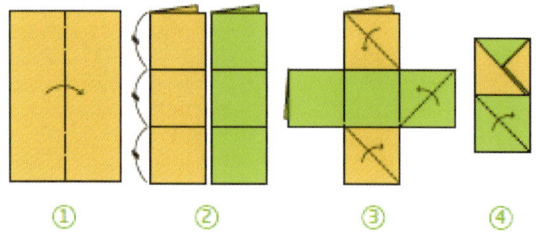

① ② ③ ④

<활동 3-2> 새가 되어 보기 - 새똥 싸기 놀이
○ 출발선에서 1m 떨어진 곳에 두 개의 원을 그림
○ 두 모둠으로 나눔
○ 두 모둠의 첫 새(주자)가 똥딱지를 무릎이나 다리 사이에 끼우고 출발, 자기 모둠의 원 안에 똥딱지를 놓고(싸고) 옴
 - 똥딱지를 중간에 떨어뜨리면 똥에서 새싹이 나지 않음
○ 기다리는 새와 하이파이브를 하며 릴레이식으로 활동
○ 놀이가 끝나면 새싹이 날 똥딱지의 개수 세기
○ 새가 되어 똥을 누어본 느낌을 나눔
 - 새가 눈 똥 속의 씨앗이 자라(나무 또는 풀) 숲을 더욱 우거지게 만들어주므로 새는 더 많은 먹이를 구할 수 있게 서로에게 도움을 준다는 이야기하기

<활동 4> 새똥 딱지로 딱지치기
○ 상대방의 딱지를 쳐서 넘기면 됨 (딱지치기 시범을 보인다)
○ 두 명씩 서로 딱지치기를 하고, 서로 상대를 바꿔가며 딱지 쳐보기
○ 모두가 각자의 딱지를 땅에 놓고 가위·바위·보로 선을 정하기
○ 딱지치기를 해서 넘어간 딱지는 갖고 연이어 딱지치기를 한다. 실패하면 딱지를 땅에 내려놓기
○ 딱지가 모두 없어질 때까지 순서대로 하기
○ 누가 몇 개의 딱지를 가져갔는지 알아보기

<활동 5> 새똥 딱지 던지기
○ 땅에 기준선을 표시 (줄, 나뭇가지)
○ 기준선에서 1m 정도 떨어져 선과 나란히 5명 정도 서기
○ 각자의 자리에서 기준선 가장 가깝게 던지기 하기 (닿으면 안 된다)

【마 무 리】
<활동 6> 활동 소감 정리
○ 질문으로 활동을 통해 목적이 전달되었는지 확인
 - 나무와 새는 어떤 사이일까?

	많은 나무와 더불어 사는 동물들은 모두 서로서로 도움을 주고받는 사이. 우리도 나무에게서 많은 것을 받으니 나무에게 좋은 일 하기 - 우리가 나무에게 어떤 일을 하면 좋을까요? - 오늘 숲에서 한 활동 중 무엇이 좋았나요? ○ 숲과 인사하기 - 나무야 안녕~ 새야 안녕~ 개미야 안녕~ 숲속 친구들아 모두모두 안녕~ 다음에 또 만나자~ **【교육가치】** ■유 형: 목적물 맞추기 ■인지적 가치: 공간개념, 수개념 ■교육적 가치: 눈·손의 협응력, 손·팔의 근육 발달, 수 개념, 집중력 향상, 생명의 관계성 **【주의사항】** ■돌이 많지 않은 평평한 장소에서 진행 ■승부에 너무 집착하지 않도록 유도 (놀이는 즐기는 것) ■간편 복장 착용에 대해 학부모 및 기관과 사전에 협의 ■도입과정에서 체온을 충분히 높여 다치지 않도록 주의 ■인솔교사의 참여 적극 유도
교보재	■두꺼운 도화지 (흰색, 검은색) ■네임펜 ■줄
교과연계 (5세 누리 과정 영역별 지도원리)	**영역-내용범주-내용-세부내용** I. 신체운동·건강 ■신체 조절과 기본 운동하기 • 신체 조절하기 ·도구를 활용하여 여러 가지 조작 운동하기 • 이동하며 운동하기 • 신체활동에 참여하기 ·기구를 이용하여 신체활동하기 ·자발적으로 신체활동에 참여하기 ·자신과 다른 사람의 운동능력의 차이를 존중 II. 자연탐구 ■수학적 탐구하기 • 수와 연산의 기초 개념 형성하기 ·구체물을 가지고 더하고 빼는 경험을 해봄

해설 프로그램 계획서 5

날짜:　　　　(월)＿＿＿＿＿　(년)＿＿＿＿＿

조원 이름:　　　＿＿＿＿＿＿＿＿＿＿＿＿＿＿

발표 해설 주제:

＿＿＿＿＿＿＿＿＿＿＿＿＿＿＿＿＿＿＿＿＿＿

＿＿＿＿＿＿＿＿＿＿＿＿＿＿＿＿＿＿＿＿＿＿

＿＿＿＿＿＿＿＿＿＿＿＿＿＿＿＿＿＿＿＿＿＿

＿＿＿＿＿＿＿＿＿＿＿＿＿＿＿＿＿＿＿＿＿＿

프로그램 목표:

　　　학습: 도토리와 다람쥐, 청설모의 관계를 놀이로 이해할 수
　　　　　있다.

　　　전래놀이 중 윷놀이의 놀이방법을 이해하고 활용할 수
　　　　　있다.

전래놀이 중 윷놀이의 놀이방법을 이해하고 활용할 수 있다. 문장과
같은 위치로

　　　행동: 놀이를 통해 촉각을 발달시키고 집중력과 사회성을 기
　　　　　를 수 있다.

　　　감성: 숲이 사람에게 소중한 존재임을 느낄 수 있다.

참여 대상: 만 5세

프로그램명	[윷놀이 변형] - 도토리를 이용한 다람쥐와 청설모의 윷놀이				
내용영역	□경제지원	■환경생태	■문화교육	□윤리실존	□기타
대상	■유치원	□초등학생	□중학생	□고등학생	□대학생　□일반인
교수 학습 방법	□강의	■관찰	□시청각매체	■역할놀이	□워크샵
	□조사실험	□창작예술(만들기)	□복합(캠프 등)	□탐사(모니터링)	□토론
	□프로젝트	□기타			

숲 해설 투어 안내기획법

가능시기	□사계절 □봄 □여름 ■가을 ■겨울			
장소	□숲속 □지역산림관련시설 □실내			
	□하천 ■가정 ■기타 실외			
소요시간	□30분 내외 ■1~2시간 □2~4시간 □3~4시간			
	□5~6시간 □1~2일 □2~4일 □5일 이상			
관련교과	■국어 ■수학 □사회 ■과학 ■도덕(윤리)			
	■미술 □음악 □실과 □외국어 □기타			
주제	□나무의 종류 및 특성 □도시숲 □산불 □산림과 기후변화			
	■산림문화 ■산림생태계 □산림토양 □산림휴양			
	□숲가꾸기 ■숲속 동식물 ■숲의 기능과 순환 □숲의 보전활동			
	■식물원과 수목원 □임업 □학교숲			

【도 입】

<활동 1> 숲속에 가면 누가 있을까요? 숲속 체조를 해요

○ 노래와 율동으로 다음 활동에 대한 호기심 유발

♬ 숲속에 가면(팔을 흔들며 제자리걸음 걷기)

   - 토끼가 안∼녕∼, 안∼녕∼, 안녕, 안녕 안녕!

    (두 팔을 머리 위로 토끼 흉내 - 목운동)

   - 딱따구리가 으∼쓱∼, 으∼쓱∼, 으쓱, 으쓱 으쓱!

    (어깨를 으쓱 - 어깨운동)

   - 나비가 훨∼훨∼, 훨∼훨∼, 훨훨, 훨훨 훨훨!

    (두 팔을 흔들며 나비처럼 - 팔운동)

♬ 숲속에 가면(팔을 흔들며 제자리걸음 걷기)

   - 멧돼지가 씰∼룩∼, 씰∼룩∼, 씰룩, 씰룩 씰룩!

    (손을 허리에 엉덩이 좌우로 흔들기 - 허리운동)

   - 개구리가 개∼굴∼, 개∼굴∼, 개굴, 개굴 개굴!

    (쪼그려 뛰기 - 다리운동)

   - 다람쥐가 참나무 위를 쪼로로로∼ 쪼로로로∼ 쪼로로로∼

    (팔다리를 흔들며 다람쥐처럼 - 팔다리운동)

♬ 숲속에 가면(팔을 흔들며 제자리걸음 걷기)

   - 도토리가 떼∼굴∼, 떼∼굴∼, 떼굴, 떼굴 떼굴!

    (발목 돌리기 - 발목운동)

   - 도토리에서 나무가 쑥∼, 쑥∼, 쑥, 쑥 쑥!

    (쪼그리고 앉아서 몸을 쭉 펴서 기지개 - 전신운동)

   - 숲속에서 우리들이…… (천천히 숨 쉬기) 안녕! 안녕!

    (친구들과 인사, 선생님과 인사! 숲과 인사!)

(내용 개요)

<활동 2> 다람쥐와 청설모로 팀 나누기

○ "즐겁게 춤을 추다가 OOO" 노래로 짝을 지어 두 모둠으로 나눔
  - 2명, 3명 또는 글자 수를 이용하기
    (예) 다람쥐 – 3명, 갈참나무 - 4명
○ 숲에서 오늘은 다람쥐와 청설모가 되어서 도토리, 잣, 밤 등의 먹이를
  찾는다고 이야기 해주기

【전 개】

<활동 3-1> 도토리를 모아요

○ 주변에 떨어진 도토리를 6개씩 줍기
○ 땅 위에 4개의 동심원을 그리기
○ 동심원에 점수를 매기기
○ 동심원 밖에 한 모둠이 동그랗게 서기
○ 강사의 신호에 따라 도토리 세 개를 차례대로 굴리기
○ 도토리를 하나씩 주울 때마다 점수를 합함 (주운 도토리는 윷놀이에
  서 사용)
○ 나머지 한 모둠이 차례대로 굴리기
○ 잘한 모둠에게 박수를, 나머지 모둠에게도 수고의 박수 쳐주기
○ 친구들 손에 있는 3개의 도토리를 주변에 숨기고 오기

<활동 3-2> 숨긴 도토리를 찾아와요

○ <활동 3>에서 숨겨둔 3개의 도토리(겨울
  양식)를 찾아옴
○ 도토리를 찾은 개수별로 손들기를 함 (세 개,
  두 개, 한 개, 없음)
○ 각 모둠의 열매 바구니에 찾아온 열매를
  넣고 수량을 세어봄
○ 어느 모둠의 열매가 많았나요?
  - 열매가 많은 모둠은 겨울을 잘 지낼 수 있는 부지런한 숲속 친구들
    이라고 칭찬해주기
  - 상대편도 잘했다고 칭찬해주기

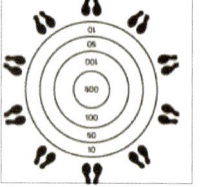

<활동 4-1> 다람쥐와 청설모의 윷놀이 규칙

○ 다람쥐 모둠과 청설모 모둠이 돌아가며 윷을 던진다. 말수에 따라 윷
  판에 표식에 따라 그 자리의 열매와 그 개수를 받는다.
○ 상대 모둠에게 말이 잡혔을 경우 잡힌 말이 처음으로 돌아가는 것이
  아니라 상대 모둠에게 열매 3개를 준다. 말을 잡은 팀은 열매를 3개

받고 다시 한 번 윷을 던질 수 있는 기회를 갖는다.
◦ 시간이 많이 걸릴 경우에는 4개의 말 중에 가장 먼저 말이 들어오는 모둠이 윷놀이에서 이기는 것으로 약속한다.
  - 일반적인 진행 방식은 기존의 윷놀이와 같다. (2개의 말을 사용)

<활동 4-2> 다람쥐와 청설모의 윷놀이 방법

◦ 윷판과 보자기를 펼친다. 각 모둠에 열매를 담을 수 있는 바구니를 놓는다.
  - 각 모둠의 말(2개씩)은 자연물을 이용하거나 다람쥐·청설모 그림을 사용해도 좋다.
◦ 말잡이 한 명씩 뽑는다.
◦ 윷은 각 팀이 번갈아가며 던진다. 말수에 따라 윷판에 지정된 수만큼 열매를 받는다.
◦ 윷놀이를 이긴 팀에게 축하의 박수를, 함께 윷놀이를 한 팀에게 수고의 박수를 쳐준다.
◦ 모은 열매가 얼마나 되는지 세어보고 만져보고 관찰해본다.

【마 무 리】

<활동 5> 활동 소감 정리

◦ 질문으로 활동을 통해 목적이 전달되었는지 확인하기
  - 우리가 찾지 못한 도토리는 어떻게 될까요?
  - 도토리와 다람쥐, 청설모는 서로 어떤 사이일까요?
◦ 마무리 인사
  - 맛있는 먹이를 주는 나무에게 고맙다고 말하고 안아주기
  - 열매는 숲속의 동물들이 먹을 수 있게 숲 안으로 뿌려주기

【교육가치】

■ 유   형: 목적물 맞추기

■ 인지적 가치: 공간개념, 수개념, 도형 인식

■ 교육적 가치: 눈·손의 협응력, 자연색의 색깔의 다양함 발견, 다리 근육 발달, 수 개념, 조형활동, 집중력, 관찰력, 직관력 향상

【주의사항】

■ 도토리를 주울 때나 다시 숲에 뿌릴 때 제한된 영역 안에 발을 들여놓지 않도록 함 (뱀, 곤충, 식물의 가시 주의)

■ 주운 열매는 가지고 논 후 자연으로 돌려주어 순환의 개념을 알도록 함

■ 윷놀이를 하며 마을 친목과 단결을 길렀듯이 친구와도 서로 돕기로 함

■ 간편 복장 착용에 대해 학부모 및 기관과 사전에 협의

■ 도입과정에서 체온을 충분히 높여 다치지 않도록 주의

	▪ 인솔교사의 참여 적극 유도
교보재	▪ 윷판, 윷, 말, 바구니　　　　▪ 교구천 ▪ 여러 가지 열매
교과연계 (5세 누리 과정 영역별 지도원리)	**영역·내용범주·내용·세부내용** I. 신체운동·건강 ▪ 신체 조절과 기본 운동하기 　• 제자리에서 운동하기 　　· 제자리에서 다양한 운동하기 　　· 신체활동에 참여하기 　• 자발적으로 신체활동에 참여하기 　　· 신체활동에 자발적이고 지속적으로 참여하기 II. 의사소통 ▪ 말하기 　• 느낌, 생각, 경험 말하기 　　· 자신의 느낌, 생각, 경험을 적절한 단어와 문장으로 말하기 III. 사회관계 ▪ 다른 사람과 더불어 생활하기 　• 친구와 사이좋게 지내기 　　· 친구와 협동하며 놀이하기 IV. 자연탐구 ▪ 수학적 탐구하기 　• 수와 연산의 기초 개념 형성하기 　　· 구체물을 가지고 더하고 빼는 경험 해보기

숲 해설 투어 안내기획법

/2/ 지역사회와 역사지구에 대한 해설 투어 프로그램 계획

   문화유산 관광개발에 대한 관심의 증가(특히 작은 지역사회)와 더불어, 방문자 활동의 하나로 역사 해설 투어를 추가·개발하는 데 대한 관심이 지역사회 내에서 증가하고 있다. 이 해설 투어는 시내 중심가의 유서 깊은 건물, 관련 유적지, 지역사회의 역사지구를 대상으로 한다. 우리가 흔히 받는 질문 중의 하나는 "이런 종류의 투어는 어떻게 계획해야 하나요?"이다. 이 글은 지역사회의 해설 투어를 어떻게 계획하고 만들어야 하는지에 대한 기초적인 지침(묻고 답해야 하는 질문들과 몇몇 일반적인 계획 고려사항)으로 사용할 수 있도록 만들어졌다.
   해설 투어를 개발하기 위한 기본해설 계획과정은 다음과 같은 단계를 고려해야 한다.

해설사례: 슈르즈베리 해설 프로그램

(1) 먼저 해설자원을 고려할 것

·지역사회나 역사지구의 거리지도를 가지고 해설 투어에 포함할 장소의 목록을 작성한다. 역사적 의미를 지닌 집, 정원, 건물, 산업 등과 더불어 흥미로운 장소들의 목록을 작성한다.

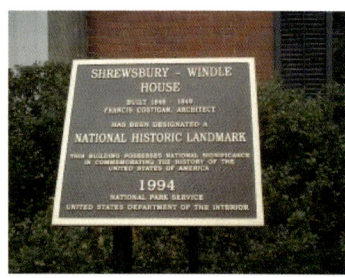

〈그림 57〉 Charles L Shrewsbury House in History area in Madison

예) 슈르즈베리 같은 몇몇 역사적 의미를 지닌 집은 벌써 표지판이
    설치되어 있다.
    인디애나 주, 매디슨에 위치한 윈들 하우스는 국립역사 유적지
    에 등재되어 있다.
해설이 가능하다고 생각하는 모든 장소의 목록을 작성하고 그것들의 위치를 거리지도에 표시한다.

·각 해설 장소를 최상으로 묘사할 수 있는 핵심해설 주제 또는 콘셉트의 목록을 작성한다. 각 장소의 특색이나 매력(건물, 역사적 의미가 있는 집·사업장 등)은 무엇인가? 해설 주제에 대한 예로는 "우리 마을의 주택과 건물은 스웨덴 건축 문화유산을 반영한다", "우리 마을

의 건물은 세 가지 다른 건축·문화·영향력을 반영한다", "오하이오 강은 우리 마을의 초기 성장과 역사에 주된 역할을 하였다" 등을 들 수 있다. 투어가 끝날 무렵, 방문자들로 하여금 해당 지역사회에 대해 배우거나 기억했으면 하는 것이 있다면 그것이 바로 해설 주제이다.

· 고려 대상 장소들을 모두 분석하고, 장소 간에 공통적인 주제나 이야깃거리를 묘사할 수 있는 장소가 있는지 조사한다. 또한 각 장소, 시설, 집 사이의 상대적 중요성을 고려한다. 이것이 최선의 예인가, 유일한 예인가 등등.

· 목록에 포함된 모든 해설 가능한 장소로부터 다음과 같은 점을 염두에 두고 잠재력이 높은 장소들을 추려내기 시작한다.

- 해설 투어는 1시간 이상 걸리지 않도록 해야 한다. 특히 더운 여름날 오후라면 방문자가 쉽게 지치기 때문이다. 나이 많은 방문자라면 더할 것이다.

- 투어 중 해설 장소는 될 수 있으면 10곳 이하로 제한하도록 한다. 대부분 방문자가 '해설' 장소에서 기억할 수 있는 정보의 양이 10곳 이하 정도이기 때문이다. 핵심 해설 주제의 좋은 예가 되는 곳으로 각 해설 장소를 선택해야 한다는 것을 명심하라. 여러분은 '전문가'가 듣고 싶어 하는 더욱 상세한 '건축적인' 해설을 개발할 수도 있겠지만, 대부분의 일반 관광객은 그저 "핵심적 내용의 요약"을 듣고 싶어 한다.

· 거리지도에 표시된 해설 장소들은 다음과 같은 점을 염두에 두고 확인해야 한다.

- 어디서 투어를 시작하고 끝낼 것인가? (아니면 루프 형태로 할 것인가?)

- 투어 중 안전과 관련한 요소는 없는가? (예를 들면 길을 건너는 것 등)

- 각 해설 장소는 찾아가기 쉬운가? 아니면 투어안내책자에 특별한 지시사항을 적어두어야 하는가?

- 방문자는 그늘진 곳을 따라 이동할 수 있는가? 아니면 앉아서 쉴 장소가 따로 필요한가?

- 도보 투어 참가자와 토지 소유자 간 갈등 요소가 발생할 여지는 없는가?

· 해설 주제나 메시지가 흥미로운가? 방문자는 이 주제나 메시지를 알기를 원하는가? 이 투어가 시장성이 있는가? 방문자는 이 투어를 통해 무엇을 보고, 발견하고, 경험할 수 있는가? '세상에 이럴 수가!' 하는 이야깃거리는 무엇인가?

(2) 투어를 통해 성취하고자 하는 것이 무엇인지를 고려할 것

그것은 바로 목표이다. 전체 해설 투어의 해설 목표와 '각 해설 장소'에서의 해설 목표를 고려한다. 다음은 '해설 투어'의 몇몇 일반적인 목표들이다.

방문자의 대부분은 해설 투어가 끝나면,

- 해당 역사지구 건물의 세 가지 주요 건축양식을 설명할 수 있다.
- 다른 건축양식이 아닌 왜 이런 건축양식이 사용되었는지에 대한 이유를 설명할 수 있다.
- 이 지역사회가 남북전쟁과 중요한 관련이 있다는 것을 배운다.
- 초기 농업 산업이 이 지역사회의 성장에 어떤 영향을 미쳤는지를 이해한다.
- 역사적 의미의 주택과 지역 역사를 보존하는 것은 중요한 일이며, 이는 모두에게 혜택을 줄 수 있다는 것을 깨닫는다.

- 이 지역 초기 정착민의 생활에 공감하는 감정이 생긴다.
- 지역 역사에 관한 책을 사는 등 이 지역에 대해 더 배우고 싶다.
- 다른 해설 투어·프로그램에 참여하고 싶다.

해설 목표의 '일반적인' 예시들을 살펴보았다. 여러분이 계획하는 해설 투어의 목표는 여러분의 자원과 이루고자 하는 결과에 부합하도록 더욱 구체적이어야 할 것이다.

〈그림 58〉 매디슨 역사지구 해설 장소

인디아나, 매디슨에 위치한 이 역사지구 투어에 포함된 이 해설 장소의 인지적 해설 목표는 방문자가 '초기 정착민에게 정원의 역할이란 먹을거리의 제공 기능과 사회적 기능, 이 두 가지 모두였다.'라는 것을 이해하는 것이다. 또한 우리는 방문자가 '우리는 언제나 정원에 들어올 수 있고, 정원에서 즐거운 시간을 보낼 수 있다.'는 정원 출입의 자유를 느끼도록 하는 것에 감성목표를 설정할 수도 있다.

(3) 이번엔 '누구'라는 부분인데, 해설 투어에 끌어들이고 싶은 대상이 누구인지를 고려할 것

이 부분은 투어의 각 해설 장소를 정하는 문제뿐만 아니라 어떤 종류의 예시와 이야깃거리를 제공해야 하는지를 결정하는 중요한 부분이다. 각기 다른 시장마다 얼마간의 다른 '해설적' 고려가 필요하다. 따라서 목표로 하는 참여자에 대해 생각해본다. 그들은 누구인가?

- 해당 지역에서 오랫동안 살아온 지역 주민
- 해당 지역으로 새로 이주해온 지역 주민
- 해당 지역과 또는 지역 학교 단체 (해설에 사회학 또는 역사 교과 과정이 반영될 필요가 있는가?)
- 해당 지역의 주에 거주하는 관광객 (주립 역사에 익숙하고, 해당 해설자원의 사회·역사에 어느 정도 익숙한 사람)
- 멀리에서 오거나 해당 해설자원의 역사·사회에 관한 지식이 전혀 없는 관광객
- 나이가 많은 관광객(65세 이상) - 자신의 과거를 '회상'할 사람은 누구인가?
- 어린 자녀를 동반한 가족
- 건축 전공 학생이나 전문가
- 사적(史跡) 보존 운동가

'누구'에 관한 목록은 계속될 수 있지만 여러분은 이쯤에서 아이디어를 얻었을 것이다. 각 자원을 시연함에, 다른 성격의 그룹은 약간의 다른 점들이 필요하다는 것을 알 수 있다. 여러분은 아마도 자원 하나에 한 종류의 안내책자를 만들 것이다. 그러므로 이런 상황에서의 요령은 방문객의 대다수를 차지하는 시장 그룹에게 흥미로운 이야깃거

리나 경험이 무엇인지에 대해 최선의 추정을 하는 것이다. 물론 여러분은 성인 전용 또는 어린이 전용의 안내책자를 개발하는 등의 창의적인 일도 할 수도 있다. 혹은 각 해설 장소에서 학생들이 '조사'나 '발견'을 할 수 있도록 '교사'의 역할을 하는 제안과 정보가 담긴 도보 투어 안내책자를 만들 수도 있다.

〈그림 59〉 매디슨의 오래된 묘지구역

만약 묘지가 투어 경로와 가깝다면, 지역사회 투어의 일부분으로 해당 지역의 역사적 묘지 해설에 대한 흥미가 높다. 투어의 일부분으로 묘지 해설에 가장 흥미를 느낄 만한 시장 그룹은 누구라고 생각하는가?

(4) 적합한 매체를 선택할 것

해설할 자원(주제, 경로 등), 결과(달성해야 할 투어 목표), 해설 투어의 대다수를 차지하는 시장 그룹을 정했다면, 이제 해설 투어 자체에 쓰일 최선의 매체를 선택해야 한다. 가장 일반적으로 고려할 수 있는 매체는 다음과 같다.

· 자기 안내책자: 이 매체는 따라가기에 좋은 쉬운 경로와 안내를 담은 지도와 각 해설 장소에 대한 유익한 해설·그래픽·사진으로 이루어진다. 투어(주제와 자원)에 대해 소개를 하는 데 효과적이다. 본문은 짧게 유지하고(두 문단 정도로 하고, 한 문단에 50에서 60단어 이하 사용), 읽기 쉽도록 글자 크기는 12에서 14 정도를 사용한다. 제작비는 필요 페이지 수, 사용할 용지 종류, 사진 매수에 따른 인쇄용 판 수, 사용할 색상의 수, 초기 인쇄 실행에 필요한 부수에 따라 달라진다.

  - 주의: 사진을 색종이에(연갈색, 연회색 등) 인쇄하지 말 것 - 이 경우 흑백 사진은 희미해질 것이다. 사진이 포함된 인쇄를 할 때는 흰 종이에 최고의 대비를 적용해서 인쇄할 것을 권한다. 비용 견적은 몇 군데 다른 업체로부터 받는다.

· 각 해설 장소의 해설 표지판: 표지판은 비용이 (표지판당 20~100만 원의 비용) 더 들고, 투어 경로가 인쇄된 지도가 여전히 필요하다.

· MP3 플레이어 투어: 이것은 안내책자와 같을 수 있지만 MP3 플레이어 속 해설가가 각각의 해설 장소를 알려주고, 다음 장소로 가는 방향을 알려준다. 이 경우 투어 경로의 복잡성에 따라 지도의 필요 여부가 결정된다. 이 매체는 더 '정서적'이고 감상적인 투어를 할 수 있도록 한다.

· 비디오 (워크맨) 투어: 이것은 해설자원의 '예전 모습'을 볼 수 있는 그림·역사적 사진을 보여주고, 다양한 배경 음악을 사용하는 등 '현장성' 있는 이야기를 담은 휴대용 비디오이고, 각 해설 장소로 안내한다. 이 매체는 폭넓은 시각적 창의성을 구현할 수 있고, 방문객은 기념품으로 테이프를 '구매'할 수 있다.

숲 해설 투어 안내기획법

어느 매체를 선택하든 선택을 할 때 고려해야 할 사항 중 일부는 다음과 같다.

- 이 매체들을 무료로 제공할 것인가 또는 판매할 것인가?
- 판매의 경우, 얼마나 받을 것인가?
- 예산은 얼마나 되는가?
- 얼마나 많은 방문객이 투어를 할 것인가?
- 어떻게 자료를 배포하고, 다시 채워 놓고, 또 그 일은 누가 할 것인가?
- 방문자가 투어 안내책자·자료가 어디 있는지를 어떻게 알아내게 할 것인가?
- 방문자가 투어나 투어 자료에 관한 질문이 있는 경우, 누구에게 문의해야 하는가?
- 투어에 들어가는 예상 비용은 얼마이고, 연락처는 어디이며, 비용 대비 효율성은 무엇인가? (우리가 도보 투어에 '투자'한 것에 대한 보상은 무엇인가?)

(5) 각 자원의 해설에 해설적 의사전달 원리를 사용할 것

해설 투어 경로에 있는 각각의 역사 자원, 자연사 자원 등에 대한 구체적인 해설을 개발할 때, 각 해설 장소에서의 시연을 '해설적'으로 만드는 것을 명심하라. 각 문서 해설 내용이나 구두 해설의 해설적 전략으로 다음 사항이 필요하다.

- 해설 투어 참여자의 관심이나 호기심을 유발할 것. 각 해설 장소에서 참여자가 흥미를 느낄 수 있도록, 해설 문구에 도발적인 머리말을 넣거나 자극적인 질문을 넣을 것

- 참여자가 유추하여 연관된 개념이나 정보를 이해할 수 있도록 할 것. 해설가는 전문가의 기술 언어로부터 대중의 언어로 이야기를 번역한다는 것을 기억할 것
- 해설의 끝 부분에 해당 해설의 주요 개념이나 핵심을 드러낼 것: 폴 하비의 남겨진 이야기와 같은 놀라운 결말
- 핵심을 다룰 것: 투어 중 한 해설 장소의 해설은 다른 장소의 해설과 이어져 있고, 투어 중 이루어지는 모든 해설은 핵심해설 주제를 설명하는 것
- 메시지의 통일성을 위해 노력할 것. 해설의 이야깃거리에 적합한 사진, 그래픽, 글꼴, 배경 음악, 해설기기의 음향효과 등을 사용하라는 것

다음은 투어 경로에 있는 역사적 의미가 있는 건물에 대한 해설 문구의 예이다.

여기는 1842년, 남자들만이 출입할 수 있었던 클럽인 잭슨 클럽이 위치한 곳이다! 이곳은 잭슨의 엘리트들이 사업을 진행하고, 방문하고, 당시 뉴스를 토론하던 곳이었다. 잭슨 클럽의 회원이 되는 것은 쉬운 일이 아니었다! 회원이 되려면 누군가 중요한 사람이어야만 했다!

마이크 솜머빌은 특별한 사람이었다. *그는 1843년, 잭슨에 이주하여 짧은 시일 내에 영향력 있는 사업가로서 명성을 다졌고, 잭슨 클럽의 회원으로 초대되었다. 마이크는 두 번이나 클럽 회장을 역임했고 남자 전용인 잭슨 클럽의 회원 수가 증가하도록 일조하였다. 1869년 마이크의 죽음으로 그 사실이 발견되기 전인 25년 동안, 그는 클럽의 자랑스러운 회원이었다. 하지만 사실 마이크*

는…… 미셸이었다. 세상에 이럴 수가!!! 여자였던 것이다!!!

"다음 투어 장소는 오른쪽 길에서 한 블록 아래에 위치한 커다란 하얀색 집인 321호입니다. 그 집은 겉보기엔 보통 집처럼 보이지만, 그 집 정원에 특별한 이야기가 묻혀 있습니다. 본 해설가는 삽을 준비해놓고 그곳에서 여러분을 만나 뵙겠습니다."

투어 주제를 다음과 같이 묘사할 수도 있다. "잭슨의 유서 깊은 주택과 건물은 놀라운 비밀을 많이 간직하고 있다." 해설의 시작에 읽는 이의 관심을 끌 만한 도발적인 머리말을 쓰고, 본문에 (관련짓기) 이야기를 만들어 넣는다. 끝 부분은 깜짝 결말로 **나타낸다.** 안내 문구는 다음 해설 장소를 '찾아가는' 방향을 제시함과 동시에 다음 장소에 대한 (자극주기) 소개를 포함하고 있다. 상기 예시가 안내책자였다면, 우리는 도보 투어의 각 해설 장소마다 '로고'(발바닥 모양과 번호)를 사용했을 것이다.

상기 해설 장소에서의 시연 방법이 자기 안내책자를 사용하는 경우라면, 이야기를 뒷받침할 수 있는 '잭슨 클럽'의 역사적 사진 또는 '마이크'의 사진을 넣을 수도 있다. 여러분은 해당 해설 장소의 '학습적, 행동적, 감정적' 목표가 무엇이라고 생각하는가?

우리는 해설을 요약하는 단계에서 '연관성'을 뒷받침하기 위한 '무형의' 해설 요소로 다음 같은 질문을 참가자에게 던질 수 있다. "만약 미래에 여러분의 집이 이와 같은 투어 장소가 된다면, 어떤 종류의 비밀을 드러내고 싶은가요? '유형적'인 비밀은 무엇이고 '무형적인' 비밀은 또 무엇인가요?"

(6) 실행과 운용

해설 투어 계획의 이 부분은 여러분이 작성한 목록과 고려사항을 어떻게 '상상'으로부터 '현실'로 만들어내느냐 하는 것이다. 우리는 항상 해야 하거나 생각해야 할 것에 대해 체크리스트를 만드는 것을 좋아한다. 다음은 여러분이 목록작성을 위해 고려해야 할 것 중 일부를 나타낸 것이다. 여러분의 필요에 따라 자유롭게 항목을 추가하기 바란다.

- 프로젝트의 총 예산은 얼마인가?
- 계획에 필요한 총 예산은 얼마인가?
- 누가 자원·투어경로 계획과 각 해설 장소를 정할 것인가?
- 누가 각 해설 장소에 대한 문구를 개발할 것인가?
- 누가 해설 투어 안내책자의 초안과 그래픽·사진 등을 조화롭게 편집할 것인가?
- 누가 해설 투어 문구 및 그래픽 선택 (역사적 정확성)에 대해 '고증'할 것인가?
- 최종 생산물을 만들기 전에 시험 안내책자·카세트테이프를 만들어 '잘 되는지'를 확인하는 '사전 시험'을 할 것인가?
- 어떤 매체를 사용할 것인가? 예를 들어 자기 안내책자를 최선의 매체로 선택했다면,
  - 누가 최종 편집(사진 포함)을 할 것인가?
  - 책자에 실릴 사진에 대한 저작권에 대한 허가를 받아야 하는가?
  - 누가 인쇄할 것인가?
  - 사진을 포함한 디자인에 할당된 예산은 얼마인가?
  - 누가 사진을 포함한 디자인에 대해 '승인'할 것인가?
  - 종이 두께와 인쇄 색상은 어떤 것이 필요한가?
  - 몇 부 정도가 초기 실행에 필요한가?

- 인쇄에 필요한 총 예산은 얼마인가?
- 누가 해설 투어 안내책자를 나누어줄 것인가?
- 어떤 방법으로 해설 투어를 광고할 것인가?

작업을 수행하는 데 필요한 모든 단계와 각 단계에서의 책임자(특히 승인에 관계된 사람)의 체크리스트를 작성한다. 또한 계획기간 3주, 초기 디자인 기간 3주, 인쇄기간 3주 등의 단계별로 걸리는 시간도 체크리스트에 추가한다.

(7) 제대로 운용되는가?

우리에게는 이 단계가 가장 중요한 부분이다. 목표를 달성하기 위해 준비한 모든 초안 재료들이 잘 되었는지를 평가하는 단계이기 때문이다. 이 부분은 시간과 예산에 따라 쉬울 수도 있고 복잡할 수도 있다. 하지만 항상 모든 해설 투어의 사전 시험을 예산에 잡아야 한다. 몇몇 방문자들과 함께 해설 투어의 사전 시연을 위해 길을 나섰을 때, 비판 혹은 고려해야 할 사항을 예로 들자면,
- 안내는 명확하고 쉽게 따라할 수 있는가?
- 지도는 명확하고 쉽게 따라할 수 있는가?
- 참여자 모두가 각 해설 장소를 잘 찾았는가?
- 참여자는 각 해설 장소 (목표)에서의 해설을 잘 이해했는가?
- 투어 시간은 '딱 적당했는가?' 아니면 '너무 길었는가?'
- 참여자는 앉아서 쉴 만한 휴게소가 필요로 했는가?
- 투어는 재미있었는가? 유발적이었는가? 지루했는가?
- 참여자들은 다른 사람들에게 투어를 추천하겠는가?
- 참여자 대부분은 무엇을 가장 재미있어 했는가? 혹은 재미없어 했는가?

- 대다수의 시장 그룹에게 '적합한' 투어였는가 아니면 한 그룹 쪽으로 치우쳤는가? 시험을 위해 뒤섞어 놓은 여러 부류의 참여자들 중 누가 투어를 가장 좋아했는가?

'만약 여러분이 프로그램을 바로잡을 시간과 예산이 처음에 없다면, 언제 그것을 다시 할 시간과 예산이 있겠는가?'를 명심하라.

요약

우리는 여기에 지역사회 혹은 역사 지구의 도보 투어를 계획할 때 고려해야 할 핵심사항 중 일부를 서술하였다. 이들은 '일반적인' 고려사항이다. 따라서 각 프로젝트에 따른 특정 요구 사항 또는 고려 사항을 자유롭게 추가하기 바란다. 도보 투어는 계획과 추진이 잘 된다면, 모든 지역사회에 좋은 유산 관광으로 추가될 수 있다. 우리는 이러한 아이디어가 좋은 여행을 하고, 여러분 지역사회의 역사를 다른 이들과 기념하고 공유하는 데 도움이 되기를 바란다.

스토리텔링? 해설이 이미 스토리텔링

스토리텔링은 강력한 해설 기술이다. 이야기는 감성을 깨우고 역사와 자연에 관심을 갖게 한다. 이야기 형식은 주제 전달과는 다르게 통찰력을 주고 인도적이다. 예를 들어 조선시대에 대한 이야기는 역대 왕의 즉위 순서, 연도, 사건 등을 따분하게 열거할 수 있고 아니면 세종대왕의 한글창제 이야기를 통해 체험토록 할 수 있다. 이렇듯 모든 문화에 있어 가치, 사고방식, 철학을 가르치기 위한 역사적 사건이나 전래동화들이 있다. 이 문화적 통찰력은 사람들의 구전을 통해 공유될 때 최고의 진가를 발휘한다.[12]

* **스토리텔링을 잘하는 비법**

• 해설가 자신에게도 의미가 있으면서 참여자들에게 알려주고 싶은 이야기를 선택한다. 참여자들의 일상적인 경험과 연관된 것이 좋은 이야기이다. 좋은 이야기는 참여자들에게 문제를 제기하여 해결 방법을 예측하도록 유도한다.
• 해설의 목표와 관련된 이야기를 선택한다. 예를 들어 산림이 주는 여러 가지 혜택 중 한 가지를 고를 수 있다.
• 그 이야기의 사실 여부를 조사한다. 해설가는 단순히 흥미보다는 해설 대상에 대해 더 잘 알아야 한다. 예를 들어 독립 운동가에 대해 이야기를 하려면 일제 식민지 시대의 역사적 배경을 이해해야 한다.
• 관점을 선택한다. 나에게 일어날 수 있는 일인 듯 1인칭 시점으로 말할 것인가 아니면 전지적 시점의 3인칭으로 말할 것인가. 가끔은 진부한 이야기라도 또 다른 시점에서 다시 말함으로써 새롭게 바꿀 수 있다. '아기 돼지 삼형제'는 관점을 바꾸어서 이야기할 수 있는 고전의 좋은 예이다.
• 이야기의 이미지 순서를 암기한다. 단 단어를 암기하지 않는다.
  - 이야기가 글로 된 자료이면 큰소리로 읽어본다.
  - 그다음 이야기를 마음속으로 그려본다. 연속 사진처럼 줄거리를 상상하라. 참여자들과 공유하고 싶은 주요 이미지를 상상한다.

---

12) Kathleen Regnier, Michael Gross, Ron Zimmerman(1992), The Interpreter's Guidebook: Techniques for Programs and Presentation, UW-SP Foundation Press 1992, pp.51-53.

- 그 기억들을 나중에 다시 떠올릴 수 있도록 이야기의 윤곽을 적어
  놓는다.
- 이야기를 말할 때 순차적 이미지에 맞게 참여자들의 상상력을 유지시킨다.
  - 동작에 맞춘 억양으로 말한다.
  - 이미지를 묘사하기 위해 제스처를 쓴다.
  - 역동적인 효과를 위해 소리를 흉내 낸다: '끼이익' 문 닫히는 소리,
    '애애애애앵' 하며 누군가의 귓잔등을 맴도는 모기 소리 등.
  - 뚜렷한 캐릭터를 만들고 각각 서로 대화하는 것처럼 말한다. 필요
    하다면 사투리를 적절히 활용한다. 그러나 너무 심한 사투리 남용
    은 그 지역 사람들을 모욕하는 것처럼 들릴 수 있으니 주의한다.
- 스토리텔링은 친숙한 전달 수단이다. 참여자들에게 바로 전달해서 느
  끼게 해주어야 한다. 참여자들 한 명 한 명과 무작위로 눈을 마주친다.
- 소도구 사용을 자제한다. 스토리텔링의 도구는 상상력이다. 소도구를 너무
  많이 사용하면 참여자들이 오히려 이야기보다는 소도구에 집중하게 된다.
- 요점을 벗어나지 않는다. 너무 많은 세부사항과 과장은 피한다.
- 해설가 스스로를 믿어라. 해설가의 바디랭귀지가 뻣뻣하고 자신감이
  부족하면 참여자들은 금방 알아챈다. 해설가 스스로가 즐거우면 참여
  자들도 같이 즐기게 된다.

* 스토리텔링의 주의점

- 단조로운 목소리
- 가식적으로 꾸민 목소리
- 너무 빨리 말하거나 두서없이 말하는 것
- 기운 없고 반복적인 제스처
- 다른 지역 문화에 대한 모욕
- 자연에 대한 '~카더라' 식의 미확인 정보
- 야생동물의 과장된 의인화
- 해설가조차도 별로 좋아하지 않는 이야기

역사와 문화로 읽는 나무 사전
강판권 저 | 글항아리 | 2010

도감으로써의 역할은 물론 관련된 산림문화와 역사, 전설, 이름의 유래까지 연계하여 해설에 큰 도움을 준다. 우리 주변에서 흔히 볼 수 있는 수종 217개를 담고 있다.

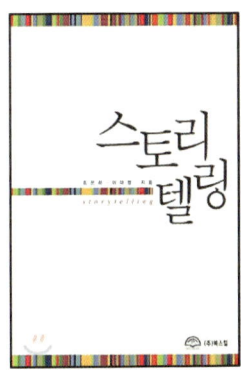

스토리텔링
조은하, 이대범 공저 | 북스힐 | 2006

'스토리텔링'이라는 분야에 대한 기본 개념을 설명하고 있으며 영화, 애니메이션, PC게임에 적용된 스토리텔링의 그래픽 요소, 텍스트 요소, 오디오 요소, 버추얼 요소를 설명하고 있다. 우리에게 익숙한 신화나 민담을 재미있게 각색하는 법을 배울 수 있다.

스토리텔링의 이해
류수열 외 5인 공저 | 글누림 | 2007

주제와 소재 설정에서부터 캐릭터 창조, 플롯과 시놉시스 작성을 통해 스토리 라인을 만드는 방법을 알려주고 있다.

한국신화와 스토리텔링

김의숙, 이창식 공저 | 북스힐 | 2008

각종 신화가 가진 내러티브를 스토리텔링의 기법으로 분석하였다. 특히 한국의 신화는 많은 부분이 숲과 관련되어 있어 산림문화 이해에 많은 도움이 된다.

제9장

해설 프로그램 관찰 평가서

/1/ 해설 프로그램 관찰 평가서 작성 예시

이 평가서는 모든 현장 해설 프로그램의 빠른 평가와 검토를 위해 만들어진 것이다. 현장해설에서 중요한 몇 가지 점들을 강조하였다. 본 평가서는 '목표 성취율'을 기반으로 하는 평가가 아닌 발표 기술을 평가하는 데 주안점을 두었다.

·프로그램 시작 전 환영 단계

- 해설가는 참여자가 도착했을 때 반갑게 환영인사를 건네고 자신의 소개를 했습니까?
- 해설가는 참여자가 어디서 왔는지, 프로그램에 대해서는 어떻게 알게 되었는지, 프로그램에서 얻고자 하는 것은 무엇인지 등 참여자의 기본적 배경을 알아보기 위해 노력을 했습니까?

· 프로그램 도입

- 해설가는 참여자를 환영하고 자신의 소개를 했습니까?
- 해설가는 프로그램을 소개할 때 해설의 핵심 주제와 목표에 관해 이야기했습니까?
- 해설가는 프로그램 시간, 규칙(존재한다면), 안전에 관한 사항 등 기본적인 프로그램에 대한 정보를 알려주었습니까?
- 해설가는 참여자가 프로그램 진행 도중 질문을 할 수 있도록 편안한 분위기를 제공했습니까?
- 참여자 전원은 해설가의 해설이 잘 들렸고, 이를 명확하게 이해했습니까?

· 프로그램 본론

- 해설가는 명확하게 들리게 이해할 수 있도록 설명했습니까?
- 해설가는 참여자에게 충분한 양의 시각적 자료와 체험 기회를 제공했습니까?
- 해설가는 프로그램 전반에 걸쳐 핵심 해설 주제를 지속적으로 시사했습니까?
- 해설가는 참여자와 눈을 맞추고 편안한 태도로 의사소통 했습니까?
- 해설가는 참여자가 질문했을 때, 그 질문을 참여자 전원에게 반복해서 들려주고, 그에 대한 명확한 답변을 해주었습니까?
- 해설가는 시간을 측정하면서 프로그램을 진행하여 약속한 시간에 프로그램을 종료했습니까?
- 해설가는 투어 중 멈춤 장소에 이르면, 전원이 자원을 바라보며 해설을 들을 수 있도록 참가자 전원과 보조를 맞추어 프로그램을

진행했습니까?

- 해설가는 틸든의 해설 기본원칙(자극주기, 관련짓기, 나타내기) 모두를 적용한 해설을 했습니까?

· 프로그램 종반

- 해설가는 프로그램 종반에 핵심 주제와 목표를 되짚어주거나 투어에 관한 요약정리를 해주었습니까?
- 해설가는 프로그램이 끝난 후 질의응답 시간을 갖자는 제의를 했습니까?
- 해설가는 공원의 다른 해설 프로그램과 이벤트 등에 대한 안내를 했습니까?
- 해설가는 프로그램이 끝날 무렵 프로그램에 대한 '평가' 활동을 했습니까? (예를 들면 "어떤 분이 습지를 보호해야 할 세 가지 이유를 말씀해주시겠습니까?" 등의 질문)
- 프로그램이 너무 길어서 참가자들이 피곤해하거나, 더워하거나, 지루해하지는 않았습니까? 아니면 프로그램 시간이 '딱 적당'했습니까?

당신은 프로그램과 해설의 어떤 점이 가장 마음에 들었습니까? 프로그램의 어떤 점이 가장 좋았고, 현장해설을 효과적으로 전달되었다고 생각하는 좋은 예는 무엇입니까?

더 나은 프로그램을 만들기 위해 개선해야 할 점은 무엇입니까? 프로그램의 어떤 부분에서 그 점을 발견했습니까? (도입, 결론, 실례, 해설속도 등)

당신은 본 프로그램의 목표가 달성되었다고 생각하십니까? (프로그램에 명확한 목표가 있었다고 생각하십니까?)

제9장 해설 프로그램 관찰 평가서

생각해보기

참여자를 파악하는 통찰력 기르기

해설가들은 참여자들이 원하는 해설의 수준을 알기 위해 '오늘 왜 이 숲에 방문하셨습니까?', '오늘 어떤 경험을 하셨으면 좋겠습니까?', '전에도 숲에 자주 놀러 가보셨습니까?' 등의 질문으로 참여자의 심중을 파악한다. 하지만 가끔은 참여자들 본인도 어떠한 목적으로 무엇을 얻기 위해 참여하는지 명확히 파악하지 못할 때가 있다.

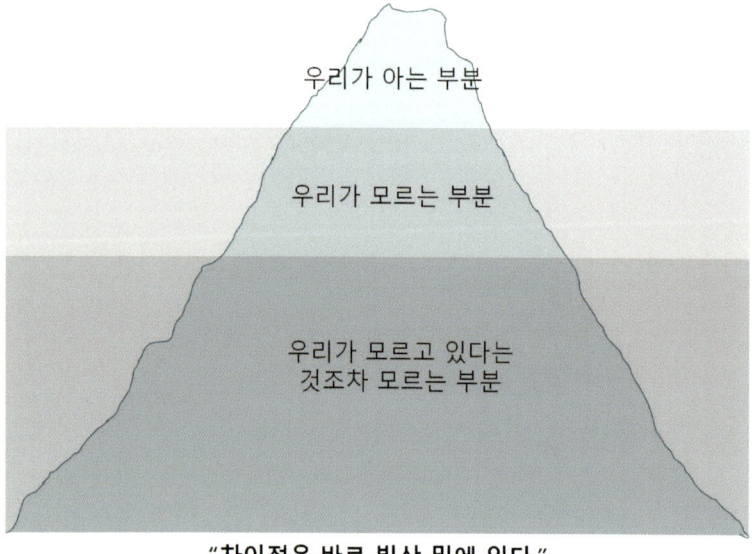

우리가 아는 부분

우리가 모르는 부분

우리가 모르고 있다는
것조차 모르는 부분

"차이점은 바로 빙산 밑에 있다."

〈그림 60〉 지각의 층위

참여자에 대한 지식을 얻으려고 할 때 가장 적절한 출발점은 이미 알고 있는 것이 무엇이며, 현재는 모르고 있지만 꼭 알아야 할 필요가 있는 것들은 무엇인지 파악해야 한다. 이와 함께 현재를 파악함으로써 우리가 모르고 있다는 것조차 모르는 부분까지 파악할 수 있는 통찰력을 갖추게 된다.[13] 이러한 통찰력은 여러 이론을 통해서 파악할 수 있지만 해설가의 경험과 눈썰미도 매우 중요하다. 참여자들의 복장은 어떠한지(방문지의 특성을 사전에 파악한 사람인지 아닌지), 사는 지역은 어디인지(숲 환경을 접할 기회가 자주 있는 사람인지 아닌지), 방문의 목적은 무엇인지(휴식·휴양을 취하러 온 사람인지, 새로운 경험을 얻고자 하는 사람인지) 등을 파악하여야 한다.

'매킨토시'라는 퍼스널 컴퓨터와 '아이팟'이라는 MP3 플레이어 그리고 '아이폰'이라는 스마트폰 등의 개발로 인류의 혁신을 이끈 스티브 잡스는 한 기자로부터 시장조사를 어떻게 했느냐는 질문을 받자 "고객들은 우리가 직접 보여주기 전까지는 자신들이 무엇을 원하는지 모른다"며 시장조사는 필요 없다고 말했다고 한다.[14] 해설을 처음 참가하는 방문객들의 경우도 마찬가지로 자신들이 어떠한 해설과 체험을 원하는지 모를 경우가 있으므로 숲 해설가들은 그들에게 맞는 해설을 해주어야 그들의 만족도와 재방문 의향이 높아질 것이다.

13) 루이스 P. 카본 저, CEM 연구회 역(2004), Clued In: 고객 그리고 형험, 한국표준협회 컨설팅, pp.152-153.
14) 월터 아이작슨 저, 안진환 역(2011), 스티브 잡스, ㈜민음사, p.881.

Clued In: 고객 그리고 경험

루이스 P. 카본 저 | CEM연구회 역 | 한국표준협
회컨설팅 | 2004

경험 마케팅(Experience Marketing)에 대해서
더 자세히 알기를 원하거나 학술적 정보를 얻
고 싶다면 고객의 경험 속에서 단서를 찾는 방
법을 모색한 이 책이 도움이 될 것이다.

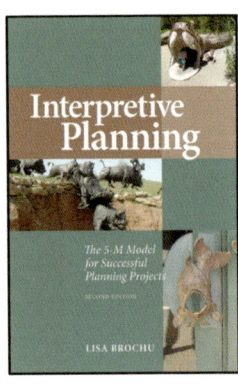

Interpretive Planning: The 5-M Model for Successful Planning Projects

Lisa Brochu 저 | InterpPress | 2003

해설 기획에 대한 기본을 알려주고 있는 책이며
해설 실무자들이 꼭 알아야 할 내용이다. 관리
(Management), 주제(Message), 시장(Market), 기
술(Mechanic), 매체(Media)라는 5-M 모델로 해
설을 어떻게 기획하고 운영하는지 자세히 알려
주고 있다.

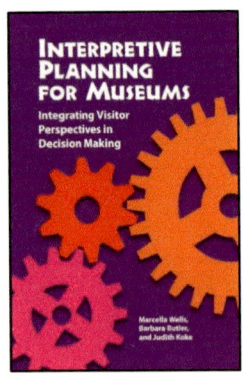

Interpretive Planning for Museums: Integrating Visitor Perspectives in Decision Making

Marcella Wells, Barara Butler, Judith Koke
공저 | Lest Coast Press | 2013

박물관 해설을 기획하기 위한 기법과 이론을
담은 책이다. 실내라는 환경과 제한된 자원을
활용하여 방문객들에게 새로운 시각에서 메시
지를 전달하는 방법을 알려주고 있다.

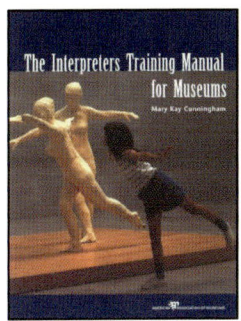

The Interpreters Training Manual for Museums
Mary Kay Cunningham 저 | American Association of Museums | 2004

박물관 해설가를 양성하기 위한 훈련 매뉴얼이다. 해설의 개요에서부터 상호작용 기술의 적용, 새로운 해설 프로그램 개발, 해설 도구까지 교육받을 수 있도록 구성되어 있다.

제10장

해설 평가 및 해설가 지도방법

/1/ 해설 투어 프로그램 단계별 평가와 지도

해설 지도와 평가는 종종 해설가에게 (평가받는 것을 알고 있다면) 몹시 초조한 과정이 된다. 누구도 자신의 프로그램이나 해설 투어가 평가받는 것을 기뻐하는 사람은 없을 것이다. 우리도 물론 마찬가지다. 우리가 수목원에서 해설을 할 때, 지역의 해설 전문가에게 평가를 받는다고 가정해보자. 그 평가자가 도착할 때까지 기다리는 게 그리 편하지 않게 느껴질 것이고....... 하지만 그 평가자는 우리가 진행하는 해설의 잘잘못을 지적하러온 평가자가 아니고 해설 프로그램을 진행하는 과정에 대한 코치로서 역할을 해준다면 우리 마음은 훨씬 편해질 것이다.

〈그림 61〉 해설 지도 장면

　우리가 해설 전문가로서 공원, 박물관, 동물원 또는 다른 사이트 해설가의 요청으로 해설 프로그램이나 활동을 평가할 때, 우리는 먼저 해설 코치가 되어야 한다는 것을 기억해야 한다. 평가는 해설가가 대중에게 제공하는 가장 높은 수준의 프로그램을 만드는 데 도움이 되는 과정이다. 지속적인 지도는 해설가의 수준을 한 단계 성장할 수 있도록 도와주고, 각 평가는 현재에서 미래로 나아갈 수 있도록 이끌어준다. 평가와 지도 과정은 몇 단계의 과정을 거친다.

(1) 해설 단계별 평가

　당신의 평가 기준은 무엇인가? 당신 기준에 부합하는 항목이나 절차를 확인하는 목록이 있는가? 다음은 "당신은 이 모든 항목을 얼마만큼 잘 수행했는가?"를 확인하는 목록의 실례이다.

　이 단계는 평가단계이고 아직 코치를 하는 단계는 아니다. 코치는 이다음에 나올 것이다.

· 투어 이전

- 일찍 도착해서 탐방로를 둘러볼 것
- 탐방로의 어디에서 멈추어 해설 주제를 설명할지 미리 확인할 것
- 참여자 그룹의 크기를 고려해 해설하기 좋은 최적의 장소를 확인할 것
- 해설에 필요한 자료를 준비해왔는지 확인할 것
- 환영인사와 본인 소개를 검토할 것
- 참여자들이 도착하면 반기며 환영할 것
- 탐방하기 전에 화장실 사용 여부를 물어볼 것
- 참여자들의 복장이 활동·기후에 적합한지 확인할 것

· 투어 도입

- 해설가 자신을 소개할 것
- 돌아가며 참가자 본인 소개를 하도록 할 것 (소규모 그룹의 경우)
- 참여자의 흥미를 유발하는 방향으로 해설의 주제를 소개할 것
- 안전 및 (규칙)준수사항을 설명할 것
- 참여자에게 질문할 시간을 줄 것
- 첫 번째 정지장소에서 흥미를 유발할 만한 문장을 얘기할 것

· 투어 본론

- 각각 정지장소마다 참여자 그룹의 대열을 정돈하여 모든 참여자가 해설에 집중하여 들을 수 있도록 할 것
- 틸든의 해설의 기본원칙을 각 정지장소마다 사용할 것. 정지장소를 해설 투어의 주제와 연관 짓는 것을 명심할 것
- 탐방로를 걸으면서 어떤 참가자가 질문하면, 그 질문을 그룹과 공

유하여 모든 참가자가 알게 한 후 답변할 것
- 각 정지장소에서 해설이 끝날 무렵(나타내기), 다음 정지장소에 대한 흥미를 유발시킬 것
- 참여자가 편안한지, 흥미가 지속되는지 살펴볼 것
- 모든 참여자가 함께 할 수 있도록 걷는 속도를 조절할 것
- 해설을 시작하기 전 모든 참여자가 도착할 때까지 기다릴 것
- 정지장소마다 해설 주제를 설명할 것: 해설 주제를 상기시키는 설명을 하되 각기 다른 방식으로 설명
- 눈, 마음, 가능성을 열고 재미를 느낄 것

· **투어 종반 (결론)**

- 재빨리 참여자가 보고, 배우고, 경험했던 것들에 대해 되짚어줄 것
- 해설 프로그램이 시사하는 주제를 되새겨줄 것
- 참여자에게 경험한 것에 대해 질문하는 등 프로그램에 관한 간단한 평가를 진행할 것 (간단하게 할 것)
- 참여자에게 다가오는 이벤트나 다른 해설 프로그램에 대해 알려줄 것
- 안내물이나 프로그램 일정표 등이 있으면 나누어줄 것 (웹사이트, 자원봉사지원기회 등)
- 참여자에게 질의응답 시간을 제의할 것
- 참여자에게 집까지 안전하게 들어갈 것과 곧 다시 만났으면 좋겠다는 인사를 할 것

여기서 중요한 점은 프로그램이나 투어에 대한 평가자의 기술, 지식, 경험이 많을수록 평가는 좋아진다. 즉, 경험이나 실질적 트레이닝이 적을수록 평가의 질은 낮아질 수도 있다.

(2) 해설 지도 기술

평가의 다음 단계는 지도 과정(해설가에게 조언하는 것)이다. 훌륭한 해설 코치의 역할은 마치 축구팀의 코치처럼 해설가가 가지고 있을 (아직은 드러나지 않은) 재능, 잠재력, 기술 등을 알아보고, 해설가가 자신의 최고 능력을 끌어낼 수 있도록 도와주며 자신감을 심어주는 것이다. 그러므로 지도 과정을 긍정적인 경험으로 생각해야 한다.

- 조용한 장소로 이동하라

평가와 지도는 조용하고 사적이며 비형식적인 공간에서 진행한다. 해설가에게 제의하려는 권고사항이 있다면, 평가자는 해당 권고가 준수되고 있는지 검토·확인까지 하는 구체적인 방법으로 진행해야 한다.

〈그림 62〉 비형식 공간에서의 해설 지도 장면

프로그램의 발표 및 전달에 관한 다양한 측면의 지도를 포함한다. 그러므로 해설 지도는 다양한 유형의 해설가 교육 과정이나 활동에서 핵심 부분을 담당하고 있다.

/2/ 성공적인 평가를 위한 19단계

다음은 '해설 평가 과정'에 나온 해설 평가자 또는 코치가 고려해야 할 주안점이다.

① 긍정적 피드백을 제공할 것 (단 정당한 경우에만)

초반에 평가를 한꺼번에 쏟아내지 말고 차근차근히 말한다. 그리고서 후반에 '보완할 부분'을 얘기할 때 한꺼번에 쏟아내고, 해설가를 약간의 '아쉬운 기분'인 상태로 둔 채 평가를 종료한다. 긍정적 피드백은 프로그램이나 해설가를 지속해서 성장할 수 있도록 격려하거나 도움을 준다. 해설가가 무안하거나 상대적인 열등감을 느끼게 해서는 안된다. 긍정적 피드백은 특히 진정성이 수반되어야 한다.

② 참여자 의견을 공유할 것

우리는 평가자의 자격으로 해설 프로그램에 참여하지만 종종 '비밀'로 부치고, 투어그룹 속에 참여자로 섞여 있기도 한다. 해설가는 우리가 있는지 알지 못한다. 이런 기회를 통해 해설가와 프로그램의 '본연의' 모습을 볼 수 있다. 우리는 다른 참여자들과 프로그램에 대해서 이야기를 나누거나, 그저 그들의 이야기를 듣기만 하거나, 그들의 행동을 지켜본다. 해설가를 바라보는지, 다른 곳을 바라보는지, 지루해하지는 않는지 등을 관찰한다. 이에 대한 결과는 지도를 하면서 해설가와 공유한다. 결과는 긍정적일 수도 있고 아니면 보완이 필요한 부분일 수도 있다.

③ 확정적이 아니라 잠정적일 것

평가자가 '확신'에 차서 자신의 주장만 옳다고 하고 독단적인 태도로 자신의 관점을 무조건 따라야 한다고 하면 해설가는 방어적이 될 것이다. '누가 옳으냐'의 의견대립으로 에너지만 소모될 수 있다. 해설이 과학보다는 예술에 가깝기 때문에 행위와 언어를 다르고 독특하게 풀어나갈 여지가 많이 있다. 평가자가 모든 것을 아는 것은 아니기 때문에 잠정적(임시적)인 태도를 취하는 것이 합리적이다. 이런 태도는 평가자가 해설가와 좀 더 의미 있는 대화를 나눌 수 있도록 이끌고 지도 효과는 증대될 것이다.

④ 개선된 해설가에게 아낌없이 칭찬할 것

우리가 프로그램의 개선을 위해 기술이나 방법을 이리저리 시도하고 노력할 때, 누군가가 나의 노고를 알아준다면 우리는 만족감을 느낄 것이다. 여러분이 어떤 해설가 그룹의 코치를 일정 기간 동안 하는데, 여러분이 제시한 권고사항대로 변화하고 개선하는 노력을 본다면 드러내어 칭찬해준다. 이런 지도 기술은 시간이 흐를수록 해설가로 하여금 지속해서 자신의 일을 개선해갈 수 있게 하는 힘이 된다.

⑤ 해설가의 개성에 맞는 평가를 할 것

모든 사람(해설가 포함)은 각자의 개성이 있다. 우리 모두는 각자의 방식으로 의사표현을 하고, 질문에 답하며, 방문자를 사로잡는다. 해설가는 각자의 삶에서 비롯된 경험과 교육을 바탕으로 조합한 각자의 '해설'을 한다. 이는 마치 해설가가 '보편적인 청중은 없다', 즉 모든 '방문자는 개성이 있다'는 것을 교육받는 것과 같은 맥락이다. 훌륭한 코치는 초보 해설가에게 요령을 가르칠 뿐 교감을 나누지는 않는다. 하지만 다년간의 경험으로 노련해진 전문 해설가와는 교감을 나눈다. 해설 코치는 각 해설가의 현재 지식과 능력을 보고 또한 그 사람 내면의 '잠재력'도 찾아낸다. 해설 코치는 해설가의 진정한 잠재력을 끌어내도록 조언과 도움을 준다. 언젠가 현재의 해설가가 평가자와 코치가 될 수도 있지 않을까? 우리가 지금 우리를 대신할 코치들을 양성하고 있는 것은 아닐까?

⑥ 최고 수준의 해설가가 될 수 있도록 도와줄 것

우리는 모두 무언가가 되는 과정에 있다. 우리 중 누구도 5년 전과 같은 사람이 아니다. 우리가 1970년대에 만들었던 해설 프로그램을 되돌아보면 얼굴이 화끈거린다. 다시 할 수만 있다면······ 훌륭한 해설 평가자와 지도자는 해설가의 수준을 더 높은 단계로 끌어올릴 수 있도록 도움을 준다. 이러한 변화는 미약할 수도 있지만 지도자의 지원과 교육은 해설가의 기술, 해설에 관한 지적 이해력, 발표력 등을 지속해서 점진적으로 발달시키는 데 도움을 준다. 지도를 맡은 첫해부터 잘할 수는 없는 노릇이다. 모든 일은 시간이 필요한 법이다.

⑦ "잘 모르겠어요!"라는 말을 할 수 있도록 격려할 것

프로그램 성공의 척도는 참가자가 얼마나 자주 "음...... 잘 모르겠는데요!"라는 말을 할 수 있거나 생각할 수 있느냐 하는 것이다. 발견은(틸든의 '노출') 해설의 중요한 핵심부분이다. 해설가에게도 이 점은 적용된다. 우리가 예전에 하이킹 그룹을 안내할 때 그룹 내에 '버섯 전문가'가 있었다. 탐방 중에 버섯에 대한 정말 흥미로운 사실을 그가 알려주었고('노출'), 투어의 내용이 더욱더 풍부해졌다. 그 당시 "와! 전 몰랐던 사실입니다!"라고 말한 사람은 바로 해설가인 우리였다. 매일 새로운 것을 발견하고 배워야 한다는 사실을 강조하는 것도 지도의 일부이다. 자, 이제 배움의 순간을 즐기도록 하자. 특히 그 순간을 참가자와 나눌 수 있을 때 더더욱 즐기자.

⑧ 해설가의 말에 귀 기울이고 그의 의견에 응답할 것

때때로 우리는 자기 얘기에 너무 심취한 나머지 다른 사람의 말을 듣지 못할 때가 있다. 최고의 대화는 이전의 얘기에 대한 응답을 계속 주고받으며 지속하는 것이다. 해설가의 말을 주의 깊게 들음으로써 평가자는 그 상황에 대해 명확하게 이해할 수 있고, 도움이 되는 직접적인 제안을 할 수 있다. 귀로 이야기만 들을 것이 아니다. 해설가의 감정이나 대화에 숨어 있는 무언의 신호도 주의 깊게 살펴야 한다.

⑨ 하이라이트만 강조하여 평가 시간을 짧게 유지할 것

사람들이 대화에서 기억하고 받아들이는 부분은 얼마(약 10%) 되지 않는다. 그러므로 구두로 너무 많은 정보를 해설가에게 주는 것은 현명한 처사가 아니다. 훌륭한 해설가는 해설 주제에 대해 알고 있는 '모든 것'을 참여자에게 설명하지 않는다. 이처럼 평가자도 평가를 선택해서 중요한 부분만 해설가와 나누는 것이 좋다. 또한 해설가의 각 해설에 선명한 주제가 있는 것처럼 평가자도 주제를 선정해서 몇 가지 핵심적인 점만 강조하면 된다. 하이라이트만 강조하면 평가는 단순해지고 기억하기 쉬워진다. 추가적인 평가는 문서 형식으로 제공할 수도 있다.

⑩ 일반적이 아닌 구체적으로 권고할 것

예를 들면 해설의 주제가 잘못되었다고만 알려준다면 해설가는 그 부분을 어떻게 개선해야 할지 방향을 잡지 못할 것이다. 이런 경우 "당신의 해설에는 두 가지 주제가 있었습니다. 하나의 주제만을 선택해서 발전시키는 게 좋겠습니다. 제가 들은 두 가지 주제는 _____ 와 _____였습니다"라고 알려준다. 이렇게 하면 해설가는 개선의 방향을 알 수 있고, 평가자와 더욱더 의미 있는 대화를 나눌 수 있다.

⑪ 해설가와 대화할 때 행동에 주의할 것

우리는 대화할 때 서로의 눈을 바라보며 이야기하라는 사회적 교육을 받아왔다. 하지만 다른 문화권에서는 이를 자기를 무시하는 행동이나 사회적 지위를 거스르는 행동으로 받아들이기도 한다. 평가자는 같이 일하는 해설가의 문화적 배경을 살펴서 행동하는 데 주의해야 할 것이다.

⑫ 효과적으로 질문을 이용할 것

우리가 자신의 관점에 사로잡혀 다른 것을 볼 수 없을 때, 질문은 우리가 필요로 하는 것을 발견하는 데 도움을 준다. 다른 사람의 도움 없이 스스로 중요한 점을 인식하기란 어려운 일이다. 해설가의 질문은 평가자로 하여금 해설가가 놓치고 있는 부분을 발견하는 데 도움이 된다. 이 발견으로 말미암아 해설의 매우 중요한 부분을 개선할 수 있다. 그 질문은 해설가로부터 비롯된 것이기 때문에 스스로 개선에 대한 의지도 강해질 것이다.

⑬ 부정적인 제안은 피할 것

예를 들어 평가자가 "프로그램을 발표할 때 긴장되었습니까?"라는 질문을 했다면 이 질문에 해설가는 다음과 같이 생각할 수 있다. 정보를 구한다, 배려한다, "평가자는 내가 긴장했다고 생각하는 거야"라는 의미로 해석한다. 긴장이라는 단어는 부정적인 의미가 있다. 따라서 이렇게 말하는 편이 낫다. "지금 우리가 하는 평가에 대해 편안하게 생각했으면 좋겠습니다" 또는 "발표를 하는 동안 기분이 어떠하였습니까?"

⑭ 서면 형식은 최소로 이용할 것

평가나 지도사항을 놓치지 않기 위해 서면으로 작성한 목록을 이용하는 것도 좋지만, 그것이 모든 상황에 들어맞지 않는다는 사실을 알아야 한다. 이런 서면 목록이 평가나 지도사항을 기억하는 데 도움이 된다. 하지만 구두 평가를 먼저 한 후 사용하도록 한다. 해설가와 같이 '목록'을 짚어가며 평가를 한다면, 해설가는 목록이 얼마나 긴지 혹은 어떤 항목들이 있는지에 정신이 팔려 평가자나 평가 중에 오가는 메시지에 집중할 수 없게 된다.

⑮ 해설가가 말을 듣지 않을 것 같아도 끈질기게 반복할 것

비록 더 나은 삶을 향한 변화라 할지라도 사람들은 변화를 위협이라 받아들인다. 우리는 어떤 일을 함에 있어 항상 하던 방식으로 하는 것이 훨씬 편하고 좋다. 그러므로 평가자가 새로운 방식을 제안하면 불안해진다. 이런 경우 평가자는 끊임없이 반복해서 알려준다. 그렇지 않으면 평가의 내용을 다르게 해석·인식하여 엉뚱한 변화를 가져올 수도 있기 때문이다.

⑯ 해설가 스스로 해설의 기본원칙을 발견할 수 있도록 도와줄 것

우리는 우리에게 주어지는 것보다 스스로 발견하는 것을 더 중요하게 생각한다. 평가 중에 해설가 스스로 해설의 원칙들을 발견할 수 있는 기회를 주는 것은 중요하다. 예를 들면 해설가에게 다음과 같은 질문을 한다. "당신은 해설에서 '연관'과 관련된 세 가지 예를 들었습니다. 그것들이 무엇이었는지 설명할 수 있습니까?" 해설가는 자기도 모르는 사이 해설의 원칙에 관한 훌륭한 예를 사용했을 수도 있다.

⑰ 여러분의 전제를 자주 점검할 것

우리가 세상을 바라보는 시각은 우리의 신념이나 전제를 바탕으로 한다. 사람마다 각자의 경험에서 비롯된 독특한 시각이 있다. 예를 들어 사슴을 볼 때, 사냥의 트로피, 아기 사슴 밤비, 관리상의 문젯거리, 음식, 라임병의 원인인 진드기의 숙주 등 보는 사람의 시각에 따라 사슴을 다르게 생각한다. 이런 다른 관점은 사슴을 어떻게 관리할까에 대한 한 사람의 신념을 바꾸어 놓을 수도 있다. 평가자는 반드시 어떤 해설 프로그램은 사람들을 불쾌하게 만들 수도 있고, 편안하게 만들 수도 있다는 것을 인식하고 있어야 한다.

⑱ 평가를 시작할 때 다음 세 가지를 염두에 둘 것

- 평가의 구조적 형식을 보여줄 것

이는 해설가가 여러분의 평가를 잘 따라올 수 있도록 하고 기억하기 쉽게 도와준다. 제한된 수의 주제를 선택하라. 예를 들면: "당신의 발표는 너무 길었습니다. 이 문제는 다음과 같은 방법으로 해결할 수 있습니다. (a) 주제를 단순화할 것, (b) 불필요한 부분을 제거할 것, (c) 유형적 자료에 제한을 둘 것.

- 해설가를 편하게 해줄 것

어떤 종류의 평가든 해설가와 평가자 양쪽 다 약간의 스트레스를 느끼게 된다. 하지만 너무 많은 스트레스는 학습 과정을 저해할 수 있으므로 평가자는 가능한 한 해설가를 편안하게 해주어야 한다.

- 다양한 방식으로 평가할 것

항상 같은 방식으로 평가를 한다면 다음과 같은 일이 일어날 수 있다. (a) 창의성이 억제됨, (b) 해설가가 미리 예측하고 그에 대한 '준비'를 함, (c) 형식이 정립됨, (d) 해설가와 해설 메시지의 개성이 묻힐 수 있음.

⑲ 결론에 모든 부분을 결부시킬 것

- 고려해야 할 질문: "더 이야기하고 싶은 게 있습니까?"

평가자가 중요하다고 생각하는 평가를 모두 마무리했을 때, 해설가에게 더 이상의 질문이나 토론하고 싶은 부분은 없는지 다음과 같이 물어보는 것이 좋다. "우리가 아직까지 다루지 못한 부분이 남아 있습니까?" 또는 "더 이야기하고 싶은 게 있습니까?"

- 평가의 핵심을 요약해줄 것

메시지 전달의 처음과 끝은 매우 중요하다. 평가의 종반에 하는 요약은 다루었던 부분의 가장 중요한 핵심을 강조하고 해설가로 하여금 그것을 잊지 않도록 도와준다.

우리는 이 글이 해설 평가와 해설가 지도의 발전에 도움이 되길 바란다. 우리 모두는 누군가의 새로운 방식 또는 개선된 방식을 통해 배운다. 여러분은 평가자로서 미래의 해설 전문가, 지도자, 멘토에게 도움을 줄 것이다.

　　우리가 여태껏 보아온 해설 표지판은 전혀 '해설적'이지 않았다. 그 표지판들은 보통 막대기에 사각 패널이 고정된 모양이었고, 내용은 사진·그래픽·단어들로 채워져 있거나 혹은 무수한 단어로 가득한 정보전달 중심이며 교육적이었다.

〈그림 63〉 스트로마톨라이트 해설 표지판

이런 표지판은 해설이 아니다. 왜 해설이 아닐까? 그 이유는 표지판을 제작할 때 해설의 핵심 원칙을 고려하지 않았기 때문이다. 제작자는 시선을 끌만큼 '매력적'으로 표지판을 만들었지만 성공적인 메시지 전달(해설)은 간과하였다. 이에 대한 우리의 외침이 있다. 무엇이 해설을 '해설답게' 만드는가? 우리의 최대 쟁점은 해설에 관한 전문적인 교육을 이수하지도 않고 해설의 핵심 원칙도 모르면서 '해설적인' 것들을 생산해내는 해설 디자이너·컨설턴트에 있다. 이는 마치 의대 문턱에도 가본 적도 없으면서 의사 행세를 하는 것과 마찬가지이다. 이 때문에 우리는 해설이 '아닌' 해설을 자주 보아온 것이다.

"해설이란 사물, 유물, 경관, 프로그램, 서비스, 매체, 장소 등과 연관된 직접 경험을 통해, 우리의 문화와 자연유산이 갖는 의미와 관련성을 표출하여 대중에게 전달할 수 있도록 고안한 의사전달 과정이다."
다시 말하면 **해설가는 전문가의 기술적 언어를 일반인들의 일상 언어로 통역한다**는 것을 의미한다.

무엇이 해설적인 메시지를 만드는가? 다음은 우리의 해설가 과정에서 가르치고 있고, 해설적 생산물을 만드는 데 사용하는 지침이다. 이는 우리가 강의하는 대학의 해설가 과정, 해설 관련 잡지의 연구 보고, 해설적 의사전달에 관한 우리의 연구 프로그램과 평가를 바탕으로 세운 것이다.

(1) 해설 지침

1) 해설적 메시지는 틸든의 자연해설이론에 나오는 형식과 디자인을 바탕으로 하고, 이 메시지는(글씨, 그래픽, 디자인) 다음 사항

을 따른다.

가) 방문자·참여자의 호기심, 참여, 흥미를 자극할 것

나) 방문자의 일상생활과 관련지을 것

다) 메시지의 핵심은 창의적이고 독창적으로 나타낼 것

라) 핵심 주제를 다룰 것 - 해설 장소의 핵심해설 주제를 묘사하는 데 도움이 되는 해설 메시지를 만들 것

마) 디자인, 그래픽, 색, 폰트 등을 사용할 때 메시지의 통일성을 염두에 둘 것. 메시지의 표현은 반드시 해설의 줄거리에 '어울리는' 방법으로 해설 묘사에 도움이 되도록 할 것

2) 해설적 메시지·매체는 결과가 기반이 된다. 즉, 예를 들면 모든 해설 표지판은 다음과 같은 목표를 성취하기 위해 만들어야 한다.

- 학습목표
- 행동목표
- 감성목표

상기 목표들은 돈을 들여 만든 표지판(또는 다른 형식의 소품)을 통해 성취하고자 하는 '결과' 혹은 '혜택'이다. 우리는 해설 주최자가 표지판 제작에 천 원을 쓸 때마다 2천 원의 혜택(해설 소품에 투자한 금액에 대한 보상)을 돌려받기를 바라는 마음으로 표지판을 제작해야 한다고 생각한다.

모두가 꺼리는 두 가지 질문:

우리는 해설 표지판(또는 다른 형식의 소품)을 만들 때 항상 다음 두 가지를 질문한다.

첫째, 방문자들은 왜 이 정보를 알고 싶어 하는가?

둘째, 여러분은 방문자들이 학습한 정보를 어떻게 사용하기를 바라는가?

숲 해설 투어 안내기획법

상기 질문은 여러분의 해설목표로 돌아간다. 여러분은 해설목표를 세운다. 하지만 그 목표가 과연 '좋은 목표'인가? 다음은 해설목표의 시장성을 확인해볼 수 있는 항목들이다.

3) 해설적 메시지·디자인을 만들 때 다음 사항들을 고려해야 한다.
　　가) 그들이 들은 것의 10%(청취 메시지)
　　나) 그들이 읽은 것의 30%(글자 수를 줄이고 주제 중심으로 내용에 내실을 기할 것)
　　다) 그들이 본 것의 50%(그래픽은 핵심해설 주제를 묘사하는 데 도움이 된다는 것을 명심할 것) 그림은 천 마디 말을 대신하지만 잘못된 천 마디의 말을 대신할 수도 있다는 것을 기억할 것
　　라) 그들이 해본 것의 90% - 잘 된 표지판은 방문자가 '찾아보려는', '발견해보려는', '냄새를 맡아보려는', '만져보려는' 행동 또는 다른 행동을 유도한다. 이런 행동은 해설경험을 방문객의 마음속에 오랫동안 기억하게 한다.

4) 수년 동안의 해설연구를 바탕으로 만든 해설 디자인 표준서에 따른 기본적 개발 고려사항은 다음과 같다.
　　가) 해설 표지판, 전시장 등은 주의를 끌 만한 '도발적인' 머리말이나 그래픽(또는 둘 다)을 사용할 것 - 표지판의 본문 말미, 전시장의 끝 부분, 다른 형식의 시연의 결론 부분에 '드러날' 질문이나 명제
　　나) 해설 표지판의 경우, 최소 30포인트 크기 이상(본문)으로 100단어 이하로 쓸 것 (아래 표지판 그림 참조)
　　다) 약 15초 이내에 핵심 메시지를 전달할 것. 15초 광고를 생각하라!
　　라) 모든 위치의 해설 표지판은 다른 예시와 묘사를 사용할 뿐

모두 한 가지 핵심 주제를 묘사할 것

마) 방문자는 해설 표지판의 모양이나 재질에는 신경 쓰지 않는다. 핵심 요소는 "해설 메시지가 방문자의 상상, 감정, 마음, 개성에 와 닿았는가?"이다.

"해설 메시지가 방문자가 기억하거나 행동에 옮길 만큼 충분히 설명되었는가?" 하지만 표지판의 물리적 형태는 주의 자극(다가가고 싶고, 보고 싶고, 교감하고 싶은)에 도움을 주고, 혹은 전체 해설에 '메시지의 통일성'을 부여하는 데 이바지하기도 한다. 해설 표지판의 위치나 세팅이 시각적으로나 주제와 관련해서나 적합한가를 확인할 것.

5) 해설 표지판, 전시장, 혹은 다른 해설 소품 등은 각각의 목적에 맞게 잘 만들어졌는지 사전 시연(평가)을 해야 한다. 어느 누가 아무런 목표도 달성할 수 없는, 의미 없는 '어떤 것'을 만들기 위해 돈을 쓰겠는가?

집의 전등에 필요한 새 전구를 사기 위해 가게에 방문한 예를 들어 설명해보자. 전구를 사고 그 가게 내에 있는 전등에 전구를 꽂아보고 불이 잘 들어오는지 시험을 해보았다. 그랬더니 6개 중 2개의 불량품이 나왔다. 이 사전 시험으로 집에 갔다가 가게로 다시 돌아와야 하는 수고를 덜 수 있었다. 그 자리에서 불량품을 교환할 수 있었다. 만약 여러분이 해설 표지판을 만들어, 고객이나 해당 장소에 보냈고, 이미 설치가 끝났는데, 그 표지판이 '별 볼 일 없다'라고 한다면(되돌릴 수 없는 경우), 그 표지판은 몇 년 동안 '쓸모없이' 그 자리를 지키고 있을 것이다. 표지판의 사전 시험은 설치 전에 잘 되었는지를 확인하는 것이다. 이제 표지판의 실례를 보면서 틸든의 해설이론이 어떻게 적용되었는지를 알아보자.

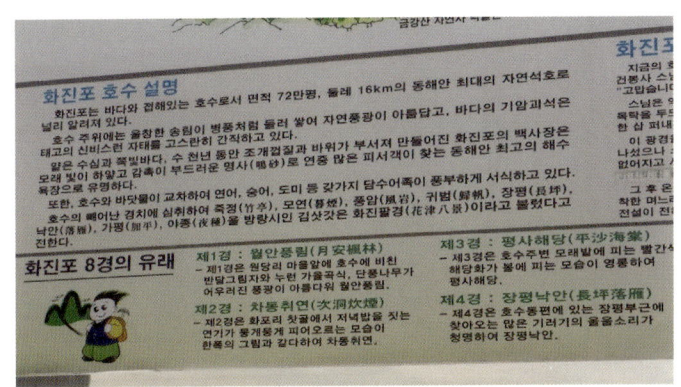

〈그림 64〉 화진포 석호 안내 표지판 및 해설 표지판

앞서 제시된 공원 안내 표지판 및 해설 표지판을 틸든의 자연해설 이론에 기반하여 시험해보기 바란다. 표지판은 틸든의 원리를 사용했는가? 전체 해설 경로와 이 표지판, 양쪽 모두의 학습목표, 행동목표, 감성목표가 무엇인지 추측할 수 있는가? 제시된 안내 표지판에서는 학습목표만을 이끌어낼 수 있을 것이고, 가능하다면 행동목표로 성취할 수 있을 것이지만 방문자의 감성목표를 도출하기는 어려울 것으로 보인다.

해설 계획자가 방문자에게 기억시키고, 이해시키고, 느끼게 하고 싶은 핵심 목표는 다음과 같다. 방문자는 아마 대부분의 자세한 예들은 잊어버리겠지만, 해설 경로를 따라 약 10여 차례 묘사된 핵심 주제는 기억할 것이다. 만약 방문자가 진정한 야생동물의 보고이므로 보호·보존해야 한다는 것을 '느끼거나 믿는다면' 해설 표지판은 성공한 것이다.

(2) 해설 그래픽 표준서

해설 표지판의 많은 예를 취합해놓은 다른 해설 그래픽 표준서가 많이 나와 있다. 이 글은 몇 가지 핵심에 대해서만 짚어놓은 것이다. 관련된 이야기들이 더 많이 있다.

해설 표지판을 제작하려면 많은 노력이 필요하다. 적은 말로 더 많은 보상을 얻는 것은 어려운 일이다. 마크 트웨인은 친구에게 보내는 편지에 이렇게 적었다. "친애하는 밥, 편지가 너무 길어서 미안하네. 편지를 짧게 쓸 만한 시간이 없었다네!" 광고 문구를 작성해본 사람이라면 이를 완벽히 이해할 것이다.

그러므로 '해설'이 '해설'이 아닐 때는 언제인가? 이제 여러분은 이에 대한 답을 알 것이다. 우리의 이 작은 '외침'이 여러분의 해설을 단순한 '정보'로부터 '영감'으로 전환하고, 해설가의 해설 메시지를 새롭고 강력한 방법으로 자극주기, 관련짓기, 나타내기를 하는 데 도움이 되기를 바란다.

과유불급(過猶不及)! 지나침은 모자람만 못하다

〈표 8〉 참여자의 관심 정도에 따른 프로그램 성격

관심 정도	대상 특징	프로그램 성격
관심 희박형	·단순 방문자(해설 프로그램에 참여하는 것이 주된 목적이 아닌 방문자) ·학습이나 자원 자체 흥미는 적음 ·즐겁고 재미있는 체험을 바람	·일회적인 성격의 프로그램 ·자원 또는 해설 대상 지역에 흥미를 느낄 수 있는 내용의 프로그램 ·오락적인 요소의 비중을 높임 ·전문적이지 않도록 쉬운 내용으로 구성
관심 왕성형	·해설 프로그램 참여가 목적 ·해설 내용과 자원 자체에 흥미가 많음 ·알고자 하는 지적 욕구가 있음	·일회성 또는 연속적인 성격의 프로그램 ·자원과 대상 지역에 대한 구체적인 정보 전달 프로그램 ·오락적 요소의 비중을 낮추고 지적, 감성적 요소의 비중을 높임
실천 행동형	·적극적인 활동 참여가 목적 ·자원과 대상 지역에 대해 깊은 수준의 지식과 이해를 갖고 있음 ·대상 자원과 지역을 위해 보호활동 같은 실천적인 활동에 대한 욕구가 있음	·연속적인 성격의 프로그램 ·자원과 지역에 대한 보호활동 및 관리활동에 참여 가능 ·단순 참여에서 벗어나 의미 있고 책임 있는 활동 ·해설 진행 보조 및 자원봉사 활동 가능

출처: 국립공원관리공단(1999), 「국립공원 자연학습탐방 프로그램 및 자연해설 기법 개발에 관한 연구」, 국립공원관리공단

해설가들은 대부분 긍정적인 성격에 외향적이며 말솜씨가 유창하다. 특히 해설 시 열정적인 에너지를 뿜어내기도 한다. 하지만 아무리 좋은 정보에 훌륭한 해설 기법이라 할지라도 한꺼번에 너무 많은 정보를 쏟아내는 해설은 오히려 참여자를 지치게 만들 수도 있다. 참여자들이 해설가의 열정과 노력에 감동을 받기도 하지만 '해설가가 모든 걸 다 얘기해주었으니 더 이상 안 와도 되겠다'는 생각을 가질 수도 있다. 참여자들에게 맞는 해설, 참여자들이 원하는 해설, 또 오고 싶게 만드는 해설을 제공할 줄 알아야 실력 있는 해설가이다.

관심희박형 참여자의 경우 해설에 처음 참가하는 방문자일 가능성이 크다. 그 지역을 방문한 이유도 '지나가다가', '주말에 갈 곳이 없어서', '경치가 좋다고 해서' 정도로 휴식·휴양에 해당하는 여가를 즐기기 위해 온 경우일 것이다. 해설에 대해 사전에 알고 있었다 하더라고 큰 관심이 없었거나 해설 참여 역시 '재미있을까 해서', '그냥 심심해서'일 수 있다. 이 그룹의 참여자들에게는 지식전달의 비중은 줄이고 참가 당일 이후에도 숲을 다시 찾아가 즐길 수 있도록 동기를 부여하며 호기심을 심어주는 방향으로 해설을 진행해야 한다.

관심왕성형은 해설에 참여해본 경험이 있는 참여자일 가능성이 크다. 방문이나 관람에 의미를 더하고자 해설에 참여하며 매우 의욕적이다. 또는 '야생화 스터디 모임', '야생조류 사진동호회'와 같이 특정 분야에 취미 이상의 관심을 가진 참여자들도 있다. 이 그룹의 참여자들은 지식습득에 쾌감을 느끼는 단계이며 알고 있는 지식을 확인하고 싶은 욕구가 크다. 그러므로 이 경우에는 정확한 정보제공과 동시에 쉽게 이해할 수 있도록 예시법, 비유법, 대조법, 직유법, 은유법 등[15]을 활용하여 해설하도록 하며, 확신이 서지 않는 정보는 섣불리 알려주기보다는 스마트폰 등을 활용하여 참여자들과 함께 찾는 방법을 선택하는 것이 좋다.

실천행동형은 관심왕성형의 다음 단계로 많은 관심을 가진 집단일 수 있다. 이미 다양한 정보를 습득하여 그 이상의 체험을 원하고 주체적인 행동으로 참여하고자 한다. 이들에게는 성인 대상 산림교육 프로그램으로 프로젝트형이나 커리큘럼이 제시된 연속성 교양강좌 형태가 적합할 것이다. 특히 기관이 보유한 자원(우리 입장에서는 숲) 이외의 콘텐츠와 연계하여 범위를 확장하는 것이 좋다. 그 예로 숲 해설, 산림교육 보조강사, 실내 가드닝을 위한 식물교실, 식물세밀화 교실, 야생조류탐사교실 등을 들 수 있다.

그리고 실천행동형은 오히려 관심희박형보다 더 낮은 관심을 가진 집단일 수도 있다. 이 경우는 감성 자극에 따라 동기가 유발되어 행동 실천으로 옮겨가는 것이 아니라, 행동 실천을 통해 감성 자극을 얻고자 한다. 해설학과 관련된 다양한 저서들이 실천행동형은 방문지역에 대해 이미 잘 알고 있고 그에 대한 애착으로 자연보호와 관련된 자원봉사에 참여하려 한다고 말하고 있으나, 최근 국내의 이용행태를 살펴보면 실천행동형으로 바로 뛰어들고자 하는 참여자들의 비중이 높아지고 있다. 개인으로서는 봉사활동(학생들에게는 봉사점수), 기업으로서는 사회적 환원 등이 의미 있는 여가 소비로 조명 받음에 따라 자원봉사에 대한 수요가 높아지고 있다. 그러다 보니 자발적으로 체험이나 활동을 요구하기보다는 내용이나 특성은 상관없이 주어진 프로그램에 따라 참여하는 경향이 크다. 난감하기는 봉사활동을 제공하는 기관도 마찬가지이다. 참여자들이 기관에 대한 사전정보나 활동의 특성에 대해 조사하고 참여하는 것이 아니라, 일단 참가한 후 무슨 활동을 해야 하는지 묻는 형편이다 보니 따로 사전교육을 실시해야 할 처지이다. 따라서 우리가 해설을 제공할 때는 관심희박형 그룹에 제공하는 수준의 해설과 및 활동에 대한 간단한 오리엔테이션을 실시한 후 활동을 진행해야 하며, 기관은 이러한 '관심희박-실천행동형'을 위한 프로그램을 별도로 기획하여 운영할 필요가 있다.

Applied Interpretation: Putting Research into Practice
Doug Knapp 저 | InterpPress | 2007

대규모 인원 해설, 해설을 통한 환경 관리 달성, 일대일 해설, 학교 현장학습까지 우리가 현장에서 만날 수 있는 상황에 맞게 사례별로 보여주고 있다.

숲 해설 아카데미: 초급과정
김기원 외 14인 공저 | 국민대학교출판부 | 2008

숲 해설가 양성과정 커리큘럼 교재이다. 숲 해설가에게 필요한 기본소양(해설 개론, 산림생태, 환경윤리, 인간발달과 교육심리, 커뮤니케이션 방법, 교육교수방법, 안전교육 등)을 모두 갖추고 있으며, 초보 숲 해설가도 이 기본서를 토대로 현장에서 바로 적용할 수 있도록 구성하였다.

광릉 숲에서 보내는 편지: 생명의 온기 가득한 우리 숲, 풀과 나무 이야기
이유미 저 | 지오북 | 2004

숲 해설 시 흔히 만날 수 있는 식물과 숲 생태를 알기 쉽게 설명한 책이다. 일반 도감은 내용이 어렵고 딱딱하지만 이 책은 이야기 형식으로 되어 있어 쉽게 이해할 수 있으며 계절별로 구분하여 필요할 때마다 찾아 공부할 수 있다.

참고문헌

국립수목원, 2014. 숲 해설 전문가 양성·훈련을 위한 숲 해설 기초, pp.77-78.

권경안, 1981, 한국 아동의 언어발달 연구 : 음운발달 및 어휘발달을 중심으로, 한국교육개발원, [KEDI] 연구보고서.

박석희, 1999, 나도 관광자원 해설가가 될 수 있다 :관광지원 해설 방법론, 백산.

루이스 P. 카본 저, CEM 연구회 역, 2004, Clued In: 고객 그리고 형험, 한국표준협회컨설팅, pp.152-153.

월터 아이작슨 저, 안진환 역, 2011, 스티브 잡스, ㈜민음사, p.881.

이주희(2 004). 산림환경교육 해설 프로그램 인증제 개발에 관한 연구, 한국산림휴양학회지, 8(1), 1-7.

이주희, 박정아(2010). 체험경제 이론을 활용한 생태탐방로 해설계획, 한국산림휴양학회지, 14(4), 61-72.

이주희, 박정아(2011). 국립백두대간수목원 이용 및 교육해설 프로그램 운영방안 사전 조사, 한국산림휴양학회지, 15(1), 79-86.

Alan, Leftridge. (2006). Interpretive Writing. InterPress.

David, L. Larsen. (2003). Meaningful Interpretation. Eastern National

Grant, W., Sharpe. (1976). Interpreting the Environment, John Wiley & Sons Inc. 226

Ham, S. H. (1992). Environmental interpretation: A practical guide for people with big ideas and small budgets, Golden, CO: North American Press.

Ham, S. H., (2013). Some techniques for making information more meaningful Interpretation: Making a Difference on Purpose, Fulcrum Publishing, p.32

Hanks, William F. (1987) "Discourse genres in a theory of practice", American Ethnologist 14(4): 688-692.

Kirkpatrick, D. L. (1994). Evaluating Training Programs : The Four Levels.

Berrett-Koehler

Larry, Beck. & Ted, T., Cable. (1998). Interpretation for the 21st century, Sagamore Publishing.

Lewis, William, J. (1988). Interpreting for Park Visitors. Eastern

Lisa, Brochu. (2003). Interpretive Planning, InterPress.

Mackintosh, B. (1986). Interpretation in the National Park Service : A Historical Perspective. UNITED STATES DEPARTMENT OF THE INTERIOR NATIONAL PARK SERVICE

Mary Kay Cunningham(2004). The interpreter's training manual for museums. American Association of Museums

Michael E. Whatley MS(2011). Interpretive Solutions: Harnessing the Power of Interpretation to Help Resolve Critical Resource Issues. InterPress.

Miller, Jeff, (2012). A Creative Way to Creating Interpretive Themes, NAI International Conference Proceedings, pp.80-81.

National Park & Monument Association. PA

Other Leisure Setting. Journal of Environmental Education. 5(1) : 12-17

Paul, Caputo. & Shea, Lewis. & Lisa, Brochu. (2008). Interpretation by Design: Graphic Design Basics for Heritage Interpreters. InterpPress.

Regnier, K &, Gross, R., Zimmerman, R. (1992). The Interpreter's Guidebook: Techniques for Programs and Presentation, UW-SP Foundation Press, pp.51-53.

Roy, Ballantyne. & Gianna, Moscardo. & Karen, Hughes. (2007). Designing Interpretive Signs: Principles in Practice. Fulcrum Publishing

Tilden, Freeman. (1957). Interpreting our Heritage, The University of North Carolina Press, Chapel Hill.

Tim, Merriman. & Lisa, Brochu. (2002). Management of Interpretive Sites, InterpPress.

Tim, Merriman. & Lisa, Brochu. (2005). Personal Interpretation: Connecting

이주희

고려대학교 임학과를 졸업하고 미시간주립대학교에서 공원휴양학 박사학위를 취득하였다. 1992년 이후 현재까지 대구대학교 교수로 재직 중이며, 한국산림휴양복지학회 고문, 국립공원관리공단 자문위원, 중앙산지관리위원회 위원으로 활동 중이다. 주요 연구 분야로는 해설–산림휴양–공원관리 등이 있으며, 주요 연구로는 「숲해설 인증제도 운영 및 산림환경교육 활성화 방안개발」, 「산림교육전문가 양성–훈련과정 모델 개발」, 「국립백두대간 수목원 이용 및 교육해설 프로그램 운영방안 연구」 등이 있다. 이외에도 「국립공원 탐방로 등급제에 관한 연구」, 「국립공원 미래세대 환경교육 체험시설 도입 및 운영방안 연구」 등의 연구 활동을 활발하게 진행하고 있다.

존 베버카John Veverka

Veverka & Associates의 대표로 미국 내 저명 해설 전문가이다. 오하이오주립대학교에서 해설학을 전공하였으며 미시간주립대학교에서 해설학 박사과정을 수료하였다. 지난 30년간 미국–영국–남미 등지에서 전시해설 컨설팅을 다수 수행하였으며, 국제적으로 해설가교육 해설 프로그램을 진행하고 있다.

저서로는 『Interpretive Master Planning』, 『Interpretive Exhibit planning and evaluation』, 『Interpretive training courses』, 『Interpretive Systems/Regional Interpretive Planning』 등이 있으며 해설 전문가로 다양한 국가에서 자문 및 훈련 교육에 참여하고 있다.

임연진

대구대학교 산림자원학과를 졸업하고, 산림자원학 석사, 관광경영학 박사과정을 수료하였다. 현재 산림청 국립수목원에서 임업연구사로 재직 중이다. 숲 해설가 양성 교육과정의 '숲 해설 개론' 강의와 국립수목원의 산림교육 프로그램 전반에 대한 연구를 담당하였고, 숲 해설가 양성과정 '숲 해설 개론' 강의에 다수 출강하고 있다.